本书获得2021年河南省本科高校智慧教学专项研究项目（教高〔2021〕489号）、2021年河南省高等教育教学改革研究与实践项目（教高〔2022〕138号，项目编号2021SJGLX163）、2022年河南省本科高校研究性教学示范课程（教高〔2023〕36号）、2023年华北水利水电大学研究生优质课程项目（华水政〔2023〕118号）、2025年河南省高等学校哲学社会科学应用研究重大项目（豫教工委〔2024〕244号，项目批准号2025-YYZD-12）的支持。

城市滨水景观设计研究

刘静霞　著

中国水利水电出版社
www.waterpub.com.cn
·北京·

内 容 提 要

建设美丽中国是全面建设社会主义现代化国家的重要目标。本书是一部全面探讨城市滨水景观设计的综合性著作。本书共分六章：第一章为概述；第二章为和谐之美——从传统园林的理水向现代社会的适水发展；第三章为生态之美——基于生态修复理念下的城市滨水景观设计；第四章为文化之美——基于地域文化的城市滨水景观设计；第五章为治理之美——基于“双碳”目标的城市滨水景观设计；第六章为发展之美——基于高质量发展的城市滨水景观设计。

本书内容层次分明、条理清晰，理论阐述深入浅出，具有较强的系统性和实践性。本书适合滨水景观设计专业的本科生、研究生和相关的设计人员阅读。

图书在版编目（CIP）数据

城市滨水景观设计研究 / 刘静霞著. -- 北京 : 中国水利水电出版社，2024.8. -- ISBN 978-7-5226-2793-9

Ⅰ. TU986.4

中国国家版本馆 CIP 数据核字第 20240540XS 号

书　　名	**城市滨水景观设计研究** CHENGSHI BINSHUI JINGGUAN SHEJI YANJIU
作　　者	刘静霞　著
出版发行	中国水利水电出版社 （北京市海淀区玉渊潭南路 1 号 D 座　100038） 网址：www.waterpub.com.cn E-mail：zhiboshangshu@163.com 电话：（010）62572966-2205/2266/2201（营销中心）
经　　售	北京科水图书销售有限公司 电话：（010）68545874、63202643 全国各地新华书店和相关出版物销售网点
排　　版	北京智博尚书文化传媒有限公司
印　　刷	三河市龙大印装有限公司
规　　格	170mm × 240mm　16 开本　10.5 印张　184 千字
版　　次	2025 年 5 月第 1 版　2025 年 5 月第 1 次印刷
定　　价	69.80 元

前　言

随着生态文明理念的迅速发展，城市滨水景观设计成为城市规划领域的一个重要分支。在这个时代背景下，城市滨水区的规划与设计不再局限于美学和功能性的考虑，开始承载更深层次的责任，如生态保护、文化传承、可持续发展等。尤其是在“美丽中国”建设的指导下，城市滨水景观设计已成为实现城市可持续发展的关键环节。正是在这样一个关键时刻，本书应运而生。

本书旨在探索如何结合生态、文化和技术的最新发展，进行城市滨水景观设计。希望通过本书为人居环境领域的设计师、相关领域的学者和学生提供实用的理论知识和设计灵感，助力他们设计出既美观又能持续发展的城市滨水区。

本书共分为六章，第一章的目的是为读者提供城市滨水景观设计的全面认识，包括基本概念、特征、形态理论和文态理论等。此外，本章还着重讨论了城市滨水景观设计的趋势与挑战。第二章致力于探索从传统园林理水技术到适水发展的转变，强调适水发展在现代滨水景观设计中的应用价值和实践意义。第三章旨在探讨基于生态修复理念下的城市滨水景观设计。本章的目的是强调生态修复在城市滨水区规划和设计中的重要性，并提出相应的设计策略和方法。第四章聚焦地域文化对城市滨水景观设计的影响。其研究目的是揭示如何将地域文化特色和历史背景融入滨水区的规划与设计中，以此增强景观的文化内涵和地方特色。第五章基于“双碳”目标，讨论了城市滨水景观设计的环保策略。本章的目的是探讨如何在城市滨水区的规划与设计中实现碳减排和可持续发展，以应对气候变化和环境挑战。第六章探讨了在高质量发展指导下的城市滨水景观设计。本章旨在阐述如何在保证滨水区经济、社会和环境可持续发展的基础上，推动城市滨水区的高质量发展。

本书的研究不仅符合生态文明和城市可持续发展的趋势，还提出了创新的设计策略和实践方法。通过研究城市滨水景观设计与生态保护、文化传承、城市功能的关系，强调了滨水景观设计在促进城市全面和谐发展中的重要性。此外，本书探讨的新理念和方法旨在提升城市滨水区的设计质量，使其更加符合当代城市发展的需求，同时促进了城市规划、风景园林、建筑学等学科的交叉融合，为相关领域的发展提供了新的视角。

本书的学术价值主要体现在如下几个方面：一是响应“美丽中国”建设的时代需求，为城市滨水景观设计提供理论与实践的指导；二是强调生态文明与城市发展的和谐，提升城市滨水区的生态和美学价值；三是结合理论与案例，提供创新的设计方法和实践策略；四是促进学科交叉融合，拓展了城市规划与生态保护的新领域；五是对政策制定和设计实施提供科学依据，推动城市滨水区的可持续发展。

本书获得 2021 年河南省本科高校智慧教学专项研究项目（教高〔2021〕489 号）、2021 年河南省高等教育教学改革研究与实践项目（教高〔2022〕138 号，项目编号 2021SJGLX163）、2022 年河南省本科高校研究性教学示范课程（教高〔2023〕36 号）、2023 年华北水利水电大学研究生优质课程项目（华水政〔2023〕118 号）、2025 年河南省高等学校哲学社会科学应用研究重大项目（豫教工委〔2024〕244 号，项目批准号 2025-YYZD-12）的支持。

本书在撰写过程中，既吸收了大量国内外的研究成果，又结合了实际案例和最新的实践经验，力求在理论与实践之间建立桥梁，为读者提供一个多维度、全方位的视角。期望本书能够为城市滨水景观设计贡献新思路、新方法，同时也为相关领域的研究者、实践者提供有益的参考和启示。由于篇幅和作者水平有限，书中难免存在不足之处。因此，欢迎各位读者提出宝贵的意见和建议，以便在今后的研究和写作中不断改进和完善。

作者

2024 年 8 月

目　　录

第一章　概　　述

本章引导读者进入城市滨水景观设计的广阔领域，首先明确了城市滨水景观的概念和特征，同时探讨了城市滨水景观设计及其相关学科和形态理论、文态理论。在美丽中国建设的指导下，城市滨水景观设计的趋势和挑战。本章主要为读者讲述城市滨水景观设计的基本概念和理论框架，有助于读者理解城市滨水景观设计的复杂性和多样性。通过本章的研究，读者将能够更好地理解和应用城市滨水景观设计的理论和实践。

第一节　城市滨水景观的概念和特征

城市滨水区域作为城市空间的重要组成部分，其设计不仅关乎城市的生态环境，还深刻影响着城市居民的生活质量。为了深入理解城市滨水景观设计的概念，需要从城市滨水区、城市滨水景观两个层面进行探讨。

一、城市滨水区

城市滨水区，作为滨水景观设计的关键对象和基础，是指由特定水体及其周围环境构成的空间。城市滨水区可以大致分为自然滨水区和人工滨水区两种类型，每种类型都具有自己特的特点和价值。

自然滨水区通常指未经过人为干预的河流、湖泊、海岸等区域，其特点是自然生态系统的完整性和原始性。而人工滨水区则是人类活动与水域相互作用的产物，例如沿海的港口、河流旁的城市滨水区、人工湖等。这些区域通常展现了从农业文明到工业文明的演变过程，反映了人类的生活和生产方式与水域的深度联系。

城市滨水区的设计关注点在于它们与人类活动的密切关联，这些区域对城市居民的生活质量和城市的整体发展具有重要影响。不同的滨水区类型如滨海、滨河、滨湖等，给城市滨水区带来不同的特色和功能。城市滨水区不仅涵盖了水域和陆域两大生态系统，还融合了丰富的人文要素，形成了复杂的城市生态和社会文化结构。

在城市发展过程中，滨水区被视为极具价值的资源。它不仅提供了丰富的自然景观和生态资源，还蕴含了独特的社会文化元素和科学艺术价值。城市滨水区的存在，能够提升城市生活品质，丰富地域风貌，为居民提供亲水的休闲娱乐场所。随着城市化的发展，城市滨水区在生态系统交互作用、城市经济发展和审美价值等方面的重要性日益凸显，成为城市中最具吸引力和活力的区域之一。

因此，在进行城市滨水景观设计时，需要充分考虑区域的生态特性、历史文化背景和当前的社会经济状况，创造出既符合自然生态保护要求，又满足人类活动需要的和谐空间，为城市增添独特的魅力和活力（陈六汀，2012）。

二、城市滨水景观

当前，在美丽中国建设的指导下，对城市滨水景观设计的研究需要深入理解景观的概念，尤其是需要深刻理解滨水景观的特性和价值。

“景观”这一概念，源自对自然风景的描述，其原义是指自然界的风景或景色。在西方文化中，景观一词最早出现在文学作品中，用于描述自然美景。在中国文化中，景观与山水画和园林艺术密切相关，不仅指自然风景，还蕴含了深厚的文化和艺术内涵。

从设计角度来看，景观设计涵盖了对特定环境的有意识改造，旨在创造出具有美学价值和社会文化意义的空间。这种设计不仅包括视觉美感，还包括审美、娱乐和社会文化价值。随着时代的变迁，景观设计的理念和技术也在不断地演变和发展。

滨水景观作为景观设计的重要部分之一，特指水域及其周边陆地、水际线、建筑等构成的综合空间。这些区域包括海洋、湖泊、河流、湿地等不同类型的水域，以及与之相连的陆地生态、建筑和人文活动等。滨水景观的特点在于其丰富的自然生态系统、社会文化内涵和艺术价值，以及水陆交互作用带来的独特美感。

城市滨水景观设计不仅需要综合考虑水域的自然特性、陆地环境、社会文化背景，以及人类活动的影响，创造出既美观又具有生态和文化价值的空间，还应重视水域与陆地之间的互动关系，利用水际线的景观特性，打造出具有吸引力和功能性的城市空间。通过城市滨水景观设计，城市滨水区不仅成为城市的亮点，还成为生态保护、文化传承和社区活动的重要场所。

第二节 城市滨水景观设计及其相关学科

一、城市滨水景观设计

在美丽中国建设的背景下，城市滨水景观设计作为一门综合性学科，涉及广泛的领域，包括社会学、地理学、文化学、自然科学、艺术学以及科技领域等。这一学科不仅关注自然水体及其周围环境的相互作用，还深入探讨人类活动对水环境的影响等。

城市滨水景观设计的核心是创造出与自然水体相邻的城市空间。这些空间根据水体类型的不同（如河流、湖泊、海洋）有所不同，展现出各自独特的地理和文化特征。在城市滨水景观设计过程中，设计师需要考虑如何在保持自然水体原始特性的基础上，融入城市发展的需求，创造出既保留自然韵味又与城市生活和谐共生的滨水环境。

城市自然水体通常是指自然形成的水域，如河流、湖泊等。而人工大型水体工程，如京杭大运河，虽然是人工开凿，但也被视为城市滨水景观设计的重要组成部分。小型的人工水体，如园林中的水塘，通常不被划归为城市滨水区。

在设计城市滨水景观时，设计师需要综合考虑自然环境特征、地域文化、社会需求和现代科技的发展，力求在自然与人文之间找到平衡点，创造出既美丽又实用的滨水空间。这样的设计不仅提高了城市的生态质量，还丰富了城市的文化内涵，为居民提供了休闲娱乐的场所，增强了城市的吸引力。因此，城市滨水景观设计是一项包含多种要素的复杂的系统工程，它要求设计师不仅具备多学科的知识背景，还要有创新的思维能力和综合的规划能力。

二、城市滨水景观的特征

（一）历史性特征

自古以来，人类文明与水域的关系就密不可分。人类选择在水源附近生活和发展，形成了丰富的滨水文化和历史。

城市滨水区，尤其是港口，历来是城市发展的重要推动力。这些滨水区域不仅作为物资和人口的集散地，而且承担着文化交流的重要职能。港口的运输和贸易功能，使其成为信息交流和文化融合的中心，从而孕育了开放、包容和自由的港口文化，为城市注入了独特的活力。

滨水区的历史价值在世界各大城市中均有体现。无论是中国的香港、上海，还是日本的大阪、荷兰的鹿特丹、英国的伦敦、德国的汉堡等城市，都见证了水运和港口在推动城市经济和文化发展中的重要作用。这些城市的滨水区不仅为经济发展提供动力支撑，同时也是文化积淀和传承的重要场所。

（二）生态敏感性特征

城市滨水区由于其独特的生态构成，成为城市生态系统中最敏感和脆弱的部分。这些区域包括水域和陆地两大生态系统，涵盖了水文、土壤、地质、地貌、地形和气候等多个要素。在多样化的生态环境中，各种植物、动物与人类共存，使得维持生态平衡和保持良性发展变得极为重要。

人类最初在生态敏感区域建立聚落，随之而来的城市化进程对原有的生态系统造成了显著影响。城市的扩张和社会经济活动加强了对滨水区的干预，进而影响了生态平衡。水环境污染、生物多样性丧失、过度城市化等问题，导致天然生态廊道遭到破坏、自然生态链断裂，产生了一系列生态环境问题。

因此，在城市滨水区的规划和开发中，需重点关注生态敏感性问题。对潮汐、湿地、动植物、水源和土壤等资源的保护是滨水区规划开发的首要考虑因素。在开发滨水区之前，进行全面的环境影响评估是必不可少的，这有助于识别可能的负面影响，确保滨水区的可持续发展。

为了有效应对滨水区的生态敏感性问题，需要建立完善的规划与建设评价机制、教育机制和培训机制。这不仅有助于增强规划者和建设者的生态意识，也能增强公众对生态环境保护的认知和责任感。这些机制的实施，可以促进滨水区的可持续发展，同时保护和恢复自然生态系统，为城市居民提供一个健康、和谐的生活环境。

（三）资源共享特征

城市滨水区作为城市核心的公共开放空间，拥有无与伦比的魅力和价值，是城市多元化活动的中心。这些区域不仅是城市的视觉焦点，也是社会经济活动的聚集地。随着全球对城市滨水区价值的重新认识，滨水区逐渐成为人们生活和娱乐的热点区域。

滨水区的资源共享特性表现在多个方面。首先，这些区域通常包括多种功能设施，如水上交通设施、旅游码头、仓储和港口设施。其次，商业活动也在这些区域兴盛，包括大型购物中心、餐饮服务、金融机构和办公设施。再次，文化创意产业、高档住宅区、娱乐健身场所也纷纷在滨水区聚集，使其成为城市中最具活力的地区之一。最后，在景观设计方面，滨水区共享的特性体现在对公共空间的高度重视上。设计师在规划时会考虑如何最大化地利用滨水区的公共空间，包括设计滨水大道、亲水步道、滨水建筑与绿带等，以增强公众的亲水体验。同时，设计师还会设计各种休闲设施，如运动场所和其他娱乐设施，以满足市民和游客的休闲娱乐需求。这些设计旨在促进滨水区的生态平衡和居住舒适度，从而形成一个高品质、多功能、共享性强的滨水区。

综上所述，城市滨水区的资源共享特征不仅体现了城市发展的多元性，也强调了公共空间的合理利用和公众参与的重要性。

（四）独立的审美特征

城市滨水区作为人类文明发展的重要摇篮，不仅在城市发展史中占据着重要地位，而且其独特的审美特征也吸引着人们。水域作为自然界的重要组成部分，不仅为人类提供了生活和生产的便利，还成为人们审美追求和心灵寄托的所在。

滨水景观的审美特征，源于人类对水的深厚情感和独特审美。水的流动、纯净和广袤，不仅象征着生命的循环和无限的包容，还承载着人类对美好、纯洁、坚韧和无私的追求。人们对水的情感寄托，不仅体现在对其自然属性的欣赏，还体现在对其蕴含的深刻哲理的思考。例如，河流的奔腾象征着生命的活力和不息，大海的宽广代表着深邃和包容，而水的清澈则是纯洁和美好的象征。此外，水的不同形态变化，也成为人类想象的源泉。

总之，城市滨水景观的独立审美特征不仅体现在对自然美景的直观感受，更深入到对生命、自然和人文的深层次理解和情感共鸣。

三、城市滨水景观设计与相关学科

（一）城市滨水景观设计与水资源

水资源与滨水景观设计之间存在着密切的关联。水资源作为地球上的重要自然资源，在自然界中以气态、固态和液态呈现，主要分为海水资源和淡水资源两大类。淡水资源虽然在地球水量中所占比例不大，但对人类的生存、生产和生活至关重要。

地球上的水量非常丰富，总体约有13.86亿立方千米，但大部分储存在海洋中，由于含盐量高，不适合直接饮用或用于农业、工业生产。淡水资源主要分布在冰川、永久积雪中，也分布在地下和土壤及江河湖泊中，可供人类开发利用的淡水只占全球水量的一小部分。

城市滨水景观设计重点关注的是以天然液态水为主的滨水区，如河流、湖泊、沼泽等与人类聚居环境紧密相关的区域。水资源在地球生态系统中扮演着重要角色，它与大气圈、生物圈、岩石圈等共同构成地球生态系统，影响着地球的气候、温度和生态平衡。

水资源不仅是生物生存的基础，还是生命演化的关键因素，其变化和循环过程在保持地球生态平衡中发挥着不可替代的作用。

因此，在进行城市滨水景观设计时，设计师需充分考虑水资源的特性。通过恰当的规划和设计，一方面能美化城市景观，另一方面起到保护和合理利用水资源的目的，确保生态平衡和可持续发展。滨水景观设计应结合本地区的水文地理特征，恰当处理人与自然水体的关系，以实现人类与自然环境的和谐共生（陈六汀，2012）。

（二）城市滨水景观设计与人居环境设计

城市滨水景观设计与人居环境设计紧密相连。人居环境不仅涉及居住区域，还涵盖工作、商务、运输等活动空间。在城市环境中，人居环境研究涵盖建筑学和地理学等多个学科，关注点从小尺度的居住区规划到大尺度的城市空间结构。

微观层面上，人居环境包括社区环境、居住区建设等，与居民日常生活和社会活动紧密关联。考虑到地形地貌、生物植被、气候风向、水体资源等自然因素的影响，人居环境设计需要平衡社会功能和未来发展，确保建筑设计与环境协调一致。

城市滨水景观设计要综合考虑生态保护、水资源利用和社区发展，创造和谐的人居环境。通过控制水污染、建立水资源循环利用机制，为城市居民营造宜居的生态环境，促进人与自然的和谐共存。

（三）城市滨水景观设计与行为地理学

城市滨水景观设计在城市规划中占据重要地位，反映了人类行为的复杂性与多样性。行为地理学，作为研究人类在地理环境中的行为的学科，为滨水景观设计提供了独特的视角。该学科整合了心理学、行为科学、哲学、社会学等多个学科的研究成果，专注研究人类行为与地理环境的相互作用。

行为地理学关注人类对环境的感知、认知和行为决策过程，揭示人与地理环境的空间关系。它主要考虑心理、行为等因素，探究人类活动与地理环境之间的平衡和空间关系。特别在滨水景观设计中，行为地理学的研究方法在帮助理解不同群体（如不同社会阶层）在特定环境下的行为类型和决策过程中发挥了重要作用。

城市滨水景观设计需要综合考虑自然环境、人文环境、社会环境等多方面因素。滨水区不仅是人类与自然互动的重要场所，还是人们感受自然之美和实现人与自然和谐共生的空间。因此，设计时须平衡生态保护、人类需求和审美期望三者之间的关系，以实现滨水景观的可持续发展。

行为地理学为滨水景观设计提供了一种综合的方法论，通过深入了解人类在地理环境中的行为，为滨水区的有效规划和设计提供了理论基础。

第三节 城市滨水景观设计的形态理论与文态理论

一、城市滨水景观设计的形态理论

要理解城市滨水景观设计的形态理论，关键在于理解并整合该区域的独特特性与功能需求。这一理论不仅指导着滨水景观的规划和设计，还对城市形象的塑造、环境质量的提升、社会连通性的增强等方面产生显著影响。

（一）水景为核心

在城市滨水景观设计中，水景是核心元素。设计应围绕湖泊、河流、喷泉等水景展开，以营造自然、宁静的城市环境。水景的规划需要考虑其在城市中的定位，如作为中心点或连接不同区域的景观廊道。此外，引入喷泉、人工瀑布、小溪等元素，可以增加水景的动态感和趣味性，为城市带来生机。

水景周围的绿化布局对增强景观层次感和营造生态氛围至关重要。种植植被如湖畔花草等、河岸树木等不仅能美化环境，还能净化空气、调节气温。同时，还可设置舒适的休闲设施，如步行道和骑行道，给人们提供与水亲近的空间。

夜晚的照明设计可为水景增添浪漫气息，灯光照明水体和周围景观，创造独特的光影效果，使城市的夜景充满魅力。

（二）融入历史文化

进行滨水景观设计前，要先深入了解当地的历史、文化传统、建筑风格、艺术特色和民俗等。这种深入的了解可以帮助设计师在设计时揭示和强调该区域的独特性。融入历史文化主要体现在四个方面。一是引入历史元素。在滨水景观设计中融入历史元素，如传统建筑风格、历史街道布局、传统艺术等。这些元素可以通过景观设计和标识系统等多种形式来体现，增强滨水景观的历史感和文化深度。二是保护和修复历史遗迹。对历史遗迹和文化景点，应予以保护和修复，并将它们融入景观设计中。这不仅有助于城市传承和发扬历史，还能吸引游客和居民来此游玩。三是设置艺术装置。在滨水区设置雕塑、壁画和水景等艺术装置，可以展现当地的历史故事和文化特色。这些装置不仅是滨水景观的视觉亮点，也是文化传播的媒介。四是组织文化活动。在滨水区举办文化活动，如传统音乐会、艺术展览和民俗表演，可以增添景观的活力，同时让游客更深入地了解和体验当地文化。

（三）提供互动空间

在城市滨水景观设计的形态理论中，注重提供互动空间是关键理念。这种设计理念旨在回应公众的多元化需求，通过精心规划的空间布局和设施配置，促进社会活动和人际交流，同时提供丰富的休闲娱乐体验场所。

城市滨水区的步道和人行道是促进公众参与的基础。这些通道不仅是连接不同区域的路径，更是一种体验自然和城市景观的方式。它们穿越花园、湖泊、河流等景观元素，提供散步、慢跑、骑行等多样化的户外活动，同时也是观赏城市滨水景观的绝佳场所。城市滨水区的露天剧场和表演区为公共文化生活提供了一个集中展示的平台。这里不仅举办演出、音乐会和文化活动，还成为社区成员聚集、交流、共享艺术体验的重要场所。这样的设计不仅丰富了城市的文化生活，也增强了社区的凝聚力。广场和集会区的设置为社交互动提供了理想空间。这些多功能区域可用于市集、庆典、展览等活动，有效地促进了社会融合和文化交流。儿童游乐场、喷水池、攀岩墙等设施的设置，不仅吸引了儿童，也增加了区域的活力。

城市滨水区的休闲设施，如长椅、躺椅、遮阳伞等，不仅为居民提供了放松和休息的空间，同时也是促进人际交流和社区互动的重要设施。在适当的区域设置水上活动设施，如划船码头、游泳区、水上运动设施，不仅为居民提供了丰富的水上活动选择，也增添了滨水区的互动性和乐趣。

综上所述，城市滨水景观设计中的互动空间规划不仅响应了公众对多样化活动空间的需求，也促进了社区的交流与融合，为居民提供了丰富、多元的休闲娱乐选择，从而塑造了一个充满活力、和谐共生的城市环境。

（四）可持续发展

可持续发展这一理念指引设计师在设计美丽、宜居的滨水空间的同时，注重资源的有效利用与环境的长期健康发展。

第一，城市滨水景观设计强调采用可再生原料或回收材料。这种做法不仅有助于减少对自然资源的依赖，还有助于减少环境污染。例如，使用可再生木材和回收塑料等建造公共设施，如座椅和桥梁，不仅提高了环境的美观度，也减轻了环境的负担。第二，城市滨水景观设计中的照明系统可采用节能技术。LED 灯具的使用，以及太阳能照明系统的引入，不仅能节约能源，还有助于降低维护成本和碳排放量。这样的照明设计既经济又环保，同时也能提高夜间景观对居民的吸引力。第三，雨水收集系统的设置在城市滨水景观设计中尤为关键。通过收集雨水用于灌溉和清洗等非饮用用水目的，可以显著减少对传统淡水资源的依赖。这种做法不仅节约了水资源，也提高了水资源的利用效率。第四，在城市滨水区的灌溉和水体管理中，采用高效的水资源利用措施是必要的。这包括使用节水灌溉系统、种植对水量需求较低的植物，以及合理规划水体的使用和保护。这样的措施有助于减少水资源的浪费，同时保持景观的生态平衡。第五，尊重和保护自然生态系统是城市滨水景观设计的重要方面。维护湿地、河流和海洋的自然状态，为野生动植物提供栖息地，有助于保护生物多样性和生态系统的健康。这种生态友好的设计理念不仅有利于环境的可持续发展，也为居民提供了亲近自然的休闲场所。

（五）形态理论在实践中的应用

城市滨水景观设计的形态理论在实践中的应用关键在于创造和谐、有机且互动的空间，旨在提升城市环境质量和居民生活体验。以下是该理论在几个实际案例中的应用。

（1）湖泊公园的设计。在湖泊公园的设计中，关键是通过对湖泊整治和滨水绿地的合理布局，构建一个结构清晰、层次分明的环境。设计步道、观景台等设施，使人们能近距离接触自然，同时给人们提供休闲、娱乐和社交的空间。这样的设计不仅加强了人与自然的连接，而且丰富了城市景观。

（2）河岸带的重塑。河岸带的重塑旨在强化城市与水体的联系，将其转化为城市生活的活力源泉。在河岸带设计多功能区域，如广场和文化展示区，提高人们对河流的感知度和参与度。这样的设计使河岸成为城市中的热点区域，促进社会互动和文化交流。

（3）桥梁景观的创新。桥梁的设计不仅要关注其作为交通要道的功能，还要着眼于它作为城市标志性景观的塑造潜力。结合滨水特色，设计桥梁景观可以通过景观照明、艺术装置等手段，使桥梁成为城市景观的一部分，提升其美学价值。

总体而言，城市滨水景观设计的形态理论在实践中的应用强调滨水景观与自然、历史和文化的融合，致力于创造出更和谐、更有生命力的城市空间。通过这样的设计，城市滨水区将成为增强城市吸引力和提升居民生活品质的重要区域。

二、城市滨水景观设计的文态理论

在探讨城市滨水景观设计的文化态度理论时，首先需要理解文化的广泛含义。文化，从民族学的角度来看，是一个包罗万象的整体，它涵盖了知识、信仰、艺术、道德、法律、习俗等多种元素，构成了社会成员共同习得的能力和习惯。《中国大百科全书·哲学卷》中这样定义“文化”：文化是人类在社会实践中所获得的能力和创造的成果，既包括物质生产能力与其产物，也包括精神生产能力与其成果。

文化的核心在于其独特的思维方式。文化被认为是通过特定民族活动所展现出来的思维和行为模式，这些模式凸显了不同民族之间的差异。同时，文化也包含了人类控制自然力量、调节资源分配的知识、能力和相关的规章制度。

在城市滨水景观设计中，对文化的理解至关重要。设计师不仅要考虑物质层面，如空间结构、地貌特征，还需深入挖掘和体现该地区的历史、传统和价值观。设计时，设计师应尊重和融入当地的文化元素，如传统建筑风格、历史街道布局和地方艺术，同时也要体现当地的社会实践和民俗风俗。通过这样的综合考虑，滨水景观不仅是一个物理空间，更成为文化传承和社会活动的舞台。

文化视角下的城市滨水景观设计，能够有效地提升城市形象，促进社会连通性，丰富居民的精神生活。它让设计超越了单纯的功能和审美，成为一种展现城市历史、文化和社会特色的方式。综上所述，文化在城市滨水景观设计中占有举足轻重的地位，是连接过去、现在与未来，实现城市可持续发展的关键。

（一）水文化概述

1. 水文化的定义与地理分布

水文化作为人类社会文化的重要组成部分，体现了人类对水资源的认识、利用、治理和欣赏。历史悠久的水文化不仅是物质财富的体现，更是精神财富的重要组成。水不仅是生命的基础，也是诗意生活的重要元素，它的价值观和伦理关怀是人们追求可持续发展道路上不可或缺的一部分。

全球各地的水文化丰富多样，每个文化都有其独特的历史背景和地理特征。例如，尼罗河孕育了古埃及文明，幼发拉底河影响了古巴比伦的兴衰，地中海培育了古希腊文明。在中国，黄河、长江等大河不仅是人们物质生活的支撑，也是深厚文化内涵的载体。中国的水文化多样且独特，如黄河水文化，长江的荆楚潇湘文化、吴越水文化、运河文化、川江文化等，都展示了中国丰富的地理特色和历史文化。

这些水文化不仅反映了水资源在各地区的地理分布和文化影响，也展现了水与人类生活、文化和历史的紧密联系。它们在不同地域间形成了独特的文化景观，对当地居民的生活方式和思想观念产生了深远的影响。这些水文化的存在和传承，不仅是对历史的记忆，更是对可持续发展的启示和景观设计的灵感源泉。通过对这些水文化的理解和研究，人们能更深刻地认识水资源的重要性，进而在城市滨水景观设计中更好地融入这些文化元素，创造出与自然和谐共生的美丽城市环境。

2. 水文化与中国文化

水文化作为中国文化的重要组成部分，展示了中国文化与自然界中水元素的深刻联系。这种联系不仅体现在物质层面，更深入哲学和美学的领域，成为中国文化的独特表现。

在中国古代，水元素在文化创作中占据着重要位置。无论是诗歌、音乐、绘画，还是建筑，水都被赋予了深刻的象征意义和审美意义。古代文人墨客常常把水作为表达情感的媒介，用水来描绘自然之美、表达内心情感。例如，一些古诗中对流水的描写，不仅反映了自然美景，还寄托了诗人的情感。

水文化还体现了中国古代“天人合一”的思想。古代智者常利用水的特性来阐述道理和表达思想。例如用水的流动性来比喻事物的变化，用水的纯净来象征心灵的洁净。这些思想深深植根于中国文化中，成为文化传承和哲学思考的重要组成部分。

另外，水文化在中国城市规划和建筑中也扮演着重要角色。在城市和园林设计中，水元素的运用反映了人与自然和谐共生的理念。园林中的湖泊、溪流、喷泉等，不仅增添了自然的美感，也是人们追求精神宁静和心灵净化的场所。

综上所述，水文化是中国文化的重要组成部分，它不仅丰富了中国的物质文化，也深刻影响了中国的精神文化。水作为自然元素和文化元素的融合，成为中国文化独特的象征，体现了中国文化的深刻内涵和美学追求。

（二）水文化在城市滨水景观设计中的应用

城市滨水景观设计作为城市规划中的一个关键环节，不仅展现了城市的物理外观，更深层次地反映了城市的文化精神和历史背景。在这个过程中，水文化作为一种重要的文化元素对城市景观的形成和发展起着至关重要的作用。

首先，水文化在城市滨水景观设计中的应用，可以增强城市的文化内涵。通过充分利用城市水域的自然特点和文化背景，不仅可以创造出独特的视觉景观，还能深化居民和游客对城市文化和历史的认知。例如，一些历史悠久的城市滨水景观，如北京的颐和园、杭州的西湖，它们的滨水景观设计不仅展示了美丽的自然景观，更展示了深厚的历史文化底蕴。

其次，水文化在城市滨水景观设计中的应用，有助于提升城市的生态环境质量。城市滨水区，如河流、湖泊、海岸线等，是城市生态系统的重要组成部分。通过合理规划和设计，可以在这些区域创造出生态友好的空间，既能美化城市环境，又有助于生态保护和可持续发展。

再次，水文化在城市滨水景观设计中的应用，还能增添社区活力加强居民互动。水域周围的公共空间，如步行道、休闲区、文化活动场所等，不仅为居民提供了休闲和娱乐的场所，也成了社区交流和文化活动的中心。

最后，水文化在城市滨水景观设计中的应用，还可以促进城市旅游业的发展。独特的滨水景观，结合当地的文化和历史特色，能吸引大量的游客，成为城市的标志性景点。

水文化在城市滨水景观设计中的运用，不仅能够提高城市的美观度、优化居住环境，还能增强城市的文化内涵、促进生态保护和增添社区活力，是城市规划和发展中不可或缺的重要部分。

（三）水文化在城市滨水景观设计中的作用

1. 水文化对现代城市滨水景观的渗透和提升

在当代城市滨水景观设计的背景下，水文化作为城市滨水景观设计的一个关键组成部分，不仅体现在其丰富多样的表现形式，更体现在它对城市环境和人居生活的深远影响。在美丽中国建设指导下，城市滨水景观设计不仅是对自然水域的规划与利用，更是对城市文化、生态环境、人民生活方式的一种深刻反思和创新性整合。

首先，从文化层面来看，中国传统的水文化深植于各大城市的滨水景观中。例如，北京的颐和园、杭州的西湖。这些城市的滨水景观融合古典与现代的水文化元素，创造了独特的城市景观，丰富了居民的精神文化生活。

其次，从生态层面来看，水文化的渗透强化了滨水景观的生态功能。现代城市滨水景观设计注重水体的自然属性和生态价值，通过恢复和保护水体的自净能力，构建健康的水生态系统。这种设计不仅提升了城市的生态平衡，也为市民提供了亲近自然的机会，增强了人与水的和谐共生。

最后，从社会经济层面来看，水文化的融入有助于推动滨水区的经济发展。滨水景观的打造往往能成为城市的新亮点，吸引游客和投资，促进旅游、休闲、商业等产业的发展。同时，良好的滨水环境也能提高周边地区的地产价值，带动城市经济的繁荣。此外，滨水区域的公共空间设计，如开放式的滨河步道、公园和广场，为市民提供了社交和休闲的场所，增强了社区的凝聚力和居民的归属感。

综上所述，水文化对现代城市滨水景观的渗透和提升，不仅体现在文化传承和生态保护上，更在于它为城市带来了社会经济效益和居民生活质量的提高。这种全方位的提升，使得城市滨水景观成为城市文化的新载体，生态建设的新亮点，以及社会发展的新动力。

2. 水文化是建设理想人居环境的依托

在探讨水文化与理想人居环境建设的关系时，香港作为一个典型的案例，展示了水文化对城市发展和居民生活质量的深远影响。香港，这个被誉为“东方之珠”的城市，虽然地理面积有限，却因其独特的海洋文化和地理位置，成为全球知名的贸易和金融中心。

香港的城市规划和发展凸显了水文化对创造理想人居环境的重要性。香港被海域环绕，其滨海的地理位置赋予了它独特的城市景观和文化特色。香港的建筑设计，如力宝广场、中银大厦等，巧妙地融合了海洋元素，创造出一个既现代又富有地方特色的城市形象。

香港的城市设计注重公共空间的创造，特别是对海滨长廊等休闲娱乐场所的规划。这些公共空间不仅给市民提供了休闲娱乐的场所，更成为体验城市水文化和享受自然美景的理想之地。香港的海洋公园和其他休闲设施，通过与自然水域的和谐融合，为市民和游客创造了亲近自然的机会。

香港的例子表明，水文化不仅是城市规划的一个方面，更是提升城市生活质量和建设理想人居环境的关键因素。通过巧妙地利用水文化资源，香港不仅塑造了自己独特的城市形象，还成为一个可持续发展的、宜居宜业的现代化城市。这为其他城市提供了宝贵的参考，展示了如何通过结合水文化，创造出既美观又实用的城市环境。

3. 水文化可以体现城市设计的哲学意蕴

在现代化城市规划与设计中，水文化不仅是城市形象的重要组成部分，还更深层次地体现了城市设计的哲学意蕴。老子哲学中的“上善若水”思想，不仅揭示了水的本质特征，也为后来的城市设计理念提供了重要的启示。水文化在城市设计中的运用，不仅关注比例、布局，更强调城市的意境，即通过水的特性来塑造城市的灵魂和气质。例如，北京、杭州、苏州等城市，巧妙地将水元素融入城市规划中，不仅展现了城市的自然美，也营造了一种和谐的人文环境。这种设计理念体现了城市与自然的亲密关系，也展现了城市文化的深厚底蕴。

杭州的城市规划尤为突出，西湖及其周边的湖泊和苏堤的布局，不仅展示了城市的自然景观，也展示了城市的人文文化和历史特色。杭州的城市形象，既是一个历史文化名城，也是一个国际旅游城市，其独特的城市性质在全球范围内都极为罕见。近年来，尽管杭州经历了快速的城市扩张，但其对西湖及周边环境的保护，无不显示了对自然和水文化资源的尊重和重视。

香港的例子同样突出，其城市形象融合了现代化建筑和自然美景，展现了城市与水的和谐共存。维多利亚港湾不仅是香港的自然景观瑰宝，也是城市文化和经济发展的重要载体。香港城市规划的成功在于它能够将繁华的都市生活与宁静的自然景观完美结合，创造出一种独特的城市魅力。

综上所述，水文化在城市设计中扮演着至关重要的角色。它不仅是城市规划的组成部分，更是体现城市设计哲学的重要元素。通过对水文化的深入理解和应用，可以创造出既和谐又具有深厚文化底蕴的城市环境，可以为居民提供更加优质的生活空间，同时也彰显了城市独特的个性和魅力。

第四节　城市滨水景观设计趋势与挑战

一、当前城市滨水景观设计的趋势

（一）生态都市主义视角

生态都市主义作为一种新兴的城市设计理念，强调在城市发展过程中融入生态学原理，实现城市与自然环境的和谐共生。在城市滨水景观设计中，生态都市主义体现为以下几个关键点。

1. 生态优先

当前城市滨水景观设计的趋势明显倾向于生态优先，这一理念在多个层面得到充分体现。设计中优先考虑生态保护和修复，如采用自然植被缓冲带、生态驳岸等手段，以增强水体的自净能力和保护生物多样性。设计时注重保护河流的自然形态，避免过度人为干预，以维持河流生态系统的完整性和稳定性。在材料选择上，倾向于使用无污染、渗透性好的天然材料，如石材、石料、植被型生态混凝土，以减少对环境的影响。此外，现代滨水景观设计不仅满足基本功能，还追求满足居民休闲、娱乐等多样化需求，以提升居民的生活品质。在一些具体项目中，通过建立生态水净化系统，提高水体自净能力，恢复河道自然形态，构建自净循环。生态驳岸设计则注重恢复自然河岸或设计具有自然河岸特性的人工驳岸，强调其生态功能和景观性。在洪水频发的地区，采取与洪水相适应的弹性设计策略，恢复滩涂的动植物生境，同时激活城市活力。而在一些工业遗址地区，则通过生态转型，将原有的灰色市政基础设施转化为自然野趣、休闲亲和的滨水空间。这些设计趋势共同体现了现代城市滨水景观设计对生态平衡、环境保护、人与自然和谐共处的重视。

2. 多功能空间设计

多功能空间设计理念强调在滨水空间中融合多种功能，以满足不同人群的需求并提升空间的使用效率。具体而言，这一理念体现在以下几个方面：滨水空间不仅为市民提供散步、休息的场所，同时也应具备生态功能，如防洪、净化水质和调节气候等；设计师通过生态修复和艺术处理等手段，能提升滨水空间的环境质量和活力，吸引休闲、旅游、商务、办公和居住等业态的集聚；滨水空间的设计越来越注重精细化和人性化，以适应现代人居环境的高度复杂化，并体现规划设计的“温暖性”；考虑到气候变化带来的影响，滨水空间的设计需具备韧性，能够应对洪水、波浪侵蚀等自然灾害，同时保持生态平衡和具备美学价值；鼓励社区居民参与滨水空间的规划和管理，通过教育和宣讲提高居民的环境意识，共同维护和改善滨水环境；在滨水空间设计中融入地方历史文化元素，尊重和利用场地空间的历史特色，为市民提供富有文化内涵的公共空间；构建基础设施网络，实现生态、社会、经济和文化价值的最大化，推动区域可持续发展。通过这样的设计，城市滨水空间正逐渐转变为更加综合、高效、生态友好和充满人文关怀的公共空间，为城市居民提供更加丰富的生活体验。

3. 连续性与连通性

连续性与连通性的设计理念主张通过绿道、步道等将不同的区域连接起来，形成完整的生态网络，以便城市居民能够接近和享受滨水空间。这一理念在实际设计中得到了广泛应用。例如，在上海黄浦江东岸绿道的设计中，通过骑行道、跑步道和滨河游步道这三个慢行系统，将不同区段的滨河景观空间有效串联起来，形成了通达的游览路线。同时，通过天桥、高架步道等形式与外围城市环境相结合，显著提高了黄浦江东岸绿道的可达性。在河北迁安三里河绿道项目中，设计师则运用生态设计手法，打造了别具特色的滨水景观。设计师通过采用水弹性技术和仿自然形态的河道与湿地相结合的方式，有效解决了河道夏季缺水断流的问题，从而提高了河道的生态稳定性。这些设计实践不仅显著提升了滨水空间的美学价值和休闲功能，同时也增强了城市的气候适应能力。通过这样的设计，滨水区域得以成为城市中具有生命活力的地方，为城市居民提供了与自然亲密接触的公共空间。

4. 适应性设计

适应性设计注重滨水空间的可持续性发展。在气候变化的影响下，洪水、干旱等极端天气事件频发，这对滨水空间的设计提出了新的挑战。因此，设计师开始探索如何使滨水空间能够更好地适应这些变化，保持其生态功能和美学价值。

为了实现这一目标，设计师注重使用天然材料和生态技术，以增强滨水空间的自然调节能力。例如，采用生态驳岸设计，通过植被的缓冲和过滤作用，减少水流对河岸的冲击，同时提高水体的自净能力。此外，设计师还考虑在设计中融入雨水管理和洪水控制策略，以应对极端天气事件。

除了生态技术的运用，适应性设计还强调滨水空间的多功能性和灵活性。设计师努力创造能够满足不同人群需求的滨水空间，同时考虑如何在不同的环境条件下保持其吸引力和功能性。例如，通过设计可调整的休闲设施，以便在洪水期间能够迅速改变其用途，或设置临时的防洪结构，以保护滨水空间免受极端天气的影响。

此外，适应性设计还注重与社区的合作。设计师认识到，只有与当地居民紧密合作，才能确保滨水空间的设计真正符合他们的需求和期望。因此，设计师鼓励社区居民参与滨水空间的规划和管理，共同应对气候变化带来的挑战。

（二）人文与历史融合的设计

城市滨水景观设计不仅要考虑生态因素，还要融入地域文化和历史元素，以增强景观的文化价值。

1. 融入地域文化特色

在城市滨水景观设计的趋势中，融入地域文化特色无疑是一个引人注目的趋势。这一趋势强调深入挖掘当地的历史文化、民俗风情等独特元素，并将这些元素巧妙地融入滨水景观设计中，以展现城市的独特魅力和文化底蕴。

在滨水景观设计中融入地域文化特色，不仅能够增强景观的文化内涵，还能提升城市的整体形象。设计师通过深入研究当地的历史文化、民俗风情等，将这些元素转化为设计灵感，创造出别具特色的滨水空间。为了实现这一目标，设计师注重使用地方材料，这些材料不仅具有独特的质感和颜色，还能与当地环境相融合，构成和谐的整体效果。例如，利用当地的石材、木材等，打造出具有乡土气息的滨水步道、亲水平台等，让游客漫步其中时能感受到浓郁的地方风情。除了对当地材料的运用，设计师还注重传统工艺的传承与创新。设计师将这些传统工艺与现代设计理念相结合，创造出既具有传统文化韵味又符合现代审美需求的滨水景观。例如，利用传统的石雕、木雕等工艺，打造出具有地方特色的雕塑等，为滨水空间增添独特的文化气息。同时，融入地域文化特色的滨水景观设计还注重与当地居民的互动。设计师鼓励社区居民参与滨水空间的规划和管理，通过举办文化节庆活动、民俗活动等方式，让居民和游客共同体验和感受当地的文化魅力。这种互动不仅增强了滨水空间的活力和吸引力，还促进了当地文化的传承与发展。

综上所述，通过深入挖掘当地的历史文化、民俗风情等独特元素，并将其巧妙地融入滨水景观设计中，设计师在努力打造具有独特魅力和文化底蕴的滨水空间，为城市居民和游客提供更加丰富、多元的文化体验。

2. 注重历史文脉保护

注重历史文脉保护强调对滨水区域的历史建筑、遗迹进行保护和合理利用，旨在传承城市的历史记忆，让现代城市发展与历史文化相得益彰。

历史文脉是城市发展的重要组成部分，它承载着城市的历史记忆和文化底蕴。在滨水景观设计中，注重历史文脉保护意味着要尊重和保护滨水区域的历史建筑、遗迹等文化遗产，避免在追求现代化发展的同时破坏这些宝贵的历史资源。

为了实现这一目标，设计师首先需要对滨水区域的历史建筑、遗迹进行全面的调查和研究，了解其历史背景、建筑风格和文化价值。在此基础上，制订保护方案，采用科学的方法和技术对这些历史建筑、遗迹进行修缮和维护，确保其得到妥善的保护。同时，设计师们还注重将历史建筑、遗迹与滨水景观设计相结合，使其成为景观的一部分。设计师通过巧妙的设计手法，将历史元素与现代设计理念相融合，创造出既具有历史文化韵味又符合现代审美需求的滨水空间。例如，可以利用历史建筑作为景观节点，或者将历史遗迹融入滨水步道、亲水平台等设计中，让游客在欣赏滨水美景的同时也能感受城市的历史文化。

此外，注重历史文脉保护的滨水景观设计还强调对历史文化的传承与弘扬。通过举办历史文化展览、讲座等活动，向市民和游客宣传滨水区域的历史文化，增强他们对城市历史的认知。同时，鼓励社区居民参与历史文化的保护与传承工作，共同守护城市的历史文脉。

3. 社区参与

社区参与强调鼓励社区居民积极参与滨水景观的规划和设计过程，确保景观能够真实反映社区居民的需求和人文特色。

社区参与的重要性在于它能够使滨水景观设计更加贴近社区居民的实际生活。通过让社区居民参与设计过程，设计师可以更好地了解他们的生活方式、习惯，以及对于滨水空间的具体需求和期望。这种深入的了解有助于设计师创造出更加符合社区居民需求、具有地方人文特色的滨水景观。

为了实现社区参与，需要建立有效的沟通机制，确保与社区居民的顺畅交流。这包括定期召开座谈会等，让居民有机会表达他们的意见和建议。还可以组织工作坊、设计竞赛等活动，邀请社区居民共同参与设计过程，激发他们的创造力和想象力。通过这些活动，社区居民不仅可以更加深入地了解滨水景观设计，还能在实践中体验到设计的乐趣。

在社区参与的过程中，反映社区的人文特色是至关重要的。每个社区都有其独特的历史、传统和习俗，这些元素都是滨水景观设计宝贵的灵感来源。设计师需要深入挖掘这些人文特色，并将其巧妙地融入景观设计中。例如，可以利用社区特有的艺术形式、符号或图案来装饰滨水空间，或打造具有地方特色的休闲设施，让居民和游客都能感受到社区独特的人文魅力。

同时，社区参与还有助于增强滨水景观的包容性和多样性。通过让不同背景、不同需求的居民参与到设计过程中，可以确保景观能够满足更多人的需求，体现社会的多元性。这种包容性和多样性不仅有助于提升滨水景观的吸引力，还能促进社区居民之间的交流和融合。

4. 故事线设计

故事线设计正逐渐成为塑造城市人文特色与文化内涵的重要手段。这一趋势侧重于通过景观设计讲述地方人文故事，旨在让游客在体验自然美景的同时，也能深入了解和感受地方文化的独特魅力。

故事线设计在滨水景观中的应用，体现在对地方历史、传说、风俗等文化元素的深入挖掘与提炼上。设计师们通过对这些文化元素的精心挑选和巧妙布局，将其融入景观设计之中，形成一条清晰而富有吸引力的故事线。这条故事线不仅为游客提供了游览的线索，更在无形中展示了地方文化的深厚底蕴。

为了实现这一目标，设计师常常运用各种景观设计手法来打造富有故事性的空间。例如，设置主题公园，以地方的历史事件或传说为主题，通过雕塑、建筑、植物等景观元素来再现历史场景，让游客仿佛置身于故事之中。此外，纪念性广场也是常用的设计手法之一，通过设立纪念碑、雕塑等具有象征意义的景观元素，来纪念当地的重要历史时刻或英雄人物，从而激发游客对当地历史的敬仰之情。除了主题公园和纪念性广场，故事线设计还可以与滨水景观的其他元素相结合，创造出更加丰富多彩的体验。例如，滨水步道的设计可以融入当地文化的图案或符号，让游客在漫步中感受到文化的熏陶；亲水平台则可以设置为讲述地方故事的场所，通过声光电等多媒体手段为游客呈现生动的历史画面。

故事线设计的魅力在于它能够让滨水景观变得更加生动有趣，充满文化内涵。游客在游览的过程中，不仅能够欣赏自然美景，还能通过景观的引导深入了解地方的历史和文化。这种设计方式不仅提升了滨水景观的吸引力，也增强了游客对地方文化的认同感和归属感。

以上趋势和方法体现了城市滨水景观设计的发展方向，旨在创造既美观又实用，既生态又具有文化内涵的滨水空间。

二、城市滨水景观设计面临的挑战

（一）环境与生态的可持续性问题

城市滨水景观设计在追求美观与功能性的同时，面临着生态环境可持续性的重大挑战。随着城市化进程的加速，滨水区面临过度开发的压力，导致生态系统服务功能下降。

1. 生态系统退化

随着城市化进程的加速，城市滨水区的自然生态正面临着前所未有的挑战，混凝土等硬质材料的大量使用，替代了原有的自然生态基底，导致生物多样性急剧降低，水体的自净能力也大大减弱。

以河流为例，为了满足城市防洪、排水等需求，河流往往被直线化处理，河岸也被硬化处理。这种人为的改造虽然在一定程度上提高了河流的排水效率，但却严重改变了水流的动力学特性，破坏了河流生态系统的平衡。原本复杂多变的水流形态变得单一，水生生物的栖息地大大减少，生物多样性因此受到严重威胁。

此外，河岸硬化还阻断了水体与地下水的自然交换，破坏了水体的自然循环过程，进一步降低了水体的自净能力。这使得城市滨水区的水质问题日益突出，水体富营养化、水体污染严重等问题频发。

面对这些问题，需要深刻反思城市滨水景观设计的理念和方法。设计师应该更加注重保护和恢复滨水区的自然生态系统，避免过度使用硬质材料，尽可能保持水体的自然形态和动力学特性。同时，还需要通过生态修复技术，如生态浮岛、人工湿地等，来恢复和提高水体的自净能力，为水生生物提供更多的栖息地，促进生物多样性的恢复。还需要转变设计理念，注重生态保护与恢复，以更加科学、可持续的方法设计和维护城市滨水景观，为城市居民提供更加健康、美丽的滨水环境。

2. 水质问题

随着城市生活和工业活动的不断增加，大量废水的排放使得许多城市滨水区的水质受到了严重威胁。这一问题不仅关乎水体的美观与生态功能，更直接影响到居民的健康与生活质量。

城市生活和工业废水中含有大量有机物、无机物和重金属等有害物质，这些物质在未经充分处理的情况下直接排入水体，会导致水体中的营养物质过剩，从而引发富营养化问题。富营养化现象的出现，使得水体中的藻类大量繁殖，形成藻华。藻华不仅破坏了水体的生态平衡，导致其他水生生物因缺氧而死亡，还严重影响了水体的景观价值和使用功能。

更为严重的是，藻华现象中的某些藻类能够产生有毒物质，对人类健康构成潜在风险。这些有毒物质可能通过食物链传递给人类，引发各种健康问题。因此，城市滨水景观设计必须充分考虑水质问题，采取有效措施改善和保护水体质量。

面对这一问题，设计师需要采取综合策略来应对。首先，需要加强与环保部门的合作，确保城市生活和工业废水在排放前经过充分处理，达到排放标准。其次，可以在滨水区设置生态缓冲区，如湿地、生态浮岛等，以吸收和降解水中的有害物质，提高水体的自净能力。最后，通过生态修复技术恢复水体的生态平衡，也是改善水质的有效手段。

3. 气候适应性

随着全球气候变化的加剧，极端天气事件变得越来越频繁和剧烈，这对滨水景观设计提出了更高的要求。为了应对这一挑战，设计师需要在设计中充分考虑雨水管理和洪水调蓄功能，以增强滨水区的韧性，使其能够更好地适应气候变化带来的不确定性。

首先，雨水管理是滨水景观设计中的重要一环。传统的城市排水系统往往无法有效应对极端降雨事件，导致雨水迅速汇集并排放到滨水区域，增加了洪水发生的风险。因此，设计师需要在设计中采用更加先进的雨水管理策略，如绿色屋顶、雨水花园和渗透铺装等，来减缓雨水的流速，增加雨水的渗透和储存，从而降低洪水发生风险。

其次，洪水调蓄功能也是滨水景观设计需要考虑的重要因素。通过设计洪水调蓄区域，如滞洪池、洪水公园等，可以在洪水发生时起到缓冲和储存的作用，降低洪水对滨水区域的影响。同时，这些调蓄区域还可以在干旱时期为滨水区域提供必要的水资源，保持水体的生态平衡。

最后，设计师还需要在滨水景观设计中考虑其他与气候适应性相关的因素。例如，选择适应性强、能够抵御极端天气的植物种类，设置亲水设施时考虑其安全性和耐用性，以及确保滨水区域的通风和遮阳设施能够适应不同的气候条件。

综上所述，设计师需要在设计中充分考虑雨水管理和洪水调蓄功能，以增强滨水区的韧性，使其能够更好地适应气候变化带来的不确定性。通过采用先进的雨水管理策略、设计洪水调蓄区域和考虑其他与气候适应性相关的因素，设计师可以为城市居民创造更加安全、可持续和美丽的滨水环境。

（二）社会与经济的平衡发展

滨水景观设计不仅关系到生态健康，也是城市社会经济发展的重要组成部分。在追求经济发展的同时，如何平衡社会需求和生态保护，是设计师和决策者需要面对的问题。

1. 公共空间的可达性

作为城市中的独特公共空间，滨水区承载着丰富的自然景观、历史文化和社交活动，理应成为所有市民共享的宝贵资源。然而，现实情况却往往不尽如人意，一些地区的滨水开发过于商业化，导致这一公共空间被私有化，普通市民难以真正享受滨水空间所带来的益处。

滨水区的商业化开发，往往伴随着高端住宅、豪华酒店和私人会所的建设，这些设施往往以高墙大院的形式出现，将滨水空间与公众隔绝开来。这使普通市民无法真正亲近和体验滨水区的魅力。这种公共空间的私有化现象，不仅违背了滨水区作为城市公共空间应有的开放性和包容性，也损害了市民的公共利益和福祉。它导致城市中的弱势群体和低收入群体更加难以接触到优质的自然环境和社会资源，加剧了城市空间的不平等现象。

为了应对这一挑战，城市滨水景观设计需要更加注重公共空间的可达性和参与性。设计师们应该倡导开放的滨水空间设计理念，鼓励多元化的功能布局，确保滨水区能够服务于更广泛的市民群体。例如，可以设置公共步道、亲水平台和开放式绿地，为市民提供亲近自然、休闲放松的场所。同时，还可以引入公共艺术、文化活动和社区服务等，丰富滨水区的功能内涵，增强其吸引力和活力。

此外，政府和相关管理部门也需要加强监管和引导，制定合理的滨水区开发政策和管理措施，防止公共空间的私有化。通过政策引导和市场调节，可以鼓励更多的公益性和公共性项目进入滨水区，推动滨水空间的公平使用和可持续发展。总之，需要通过倡导开放的设计理念、多元化的功能布局、合理的政策引导和管理措施，来确保滨水区能够真正成为所有市民共享的公共空间，为城市生活增添更多的活力和魅力。

2. 经济发展与生态保护的矛盾

滨水区，因其独特的地理位置和丰富的自然资源，往往成为房地产开发的热点区域。然而，房地产开发所带来的经济效益与生态环境保护之间却存在着冲突。

一方面，房地产开发能够为城市带来显著的经济效益，推动就业增长和税收增加。开发商们往往倾向于在滨水区建设高密度、高价值的商业和住宅项目，以最大化其经济利益。然而，这种开发模式往往以牺牲生态环境为代价，会导致水体污染、生物多样性丧失等一系列环境问题。

另一方面，生态环境保护对于城市滨水区的可持续发展至关重要。滨水区是城市生态系统的重要组成部分，具有调节气候、净化空气、提供生物栖息地等多重生态功能。破坏滨水区的生态环境，不仅将损害城市的生态安全，还将影响市民的生活质量和身体健康。

因此，如何在促进经济发展的同时，保护和恢复滨水区的生态环境，成为城市滨水景观设计面临的一大挑战。为了解决这一矛盾，需要采取综合性的策略和方法。首先，政府和相关管理部门应制定科学合理的滨水区开发规划，确保生态保护与经济发展并重。在规划过程中，应充分考虑滨水区的生态敏感性和环境承载能力，确保开发活动不会对生态环境造成不可逆转的损害。其次，设计师们需要在滨水景观设计中融入生态理念，采用生态友好的设计手法和材料。例如，可以设置生态缓冲区来隔离和减少开发活动对滨水区生态环境的影响；利用自然地形和植被来构建生态廊道，为水生生物提供迁徙和栖息的通道；采用雨水收集和循环利用系统来减少开发活动对水资源的影响等。最后，还需要通过政策引导和市场机制来推动滨水区生态保护与经济发展的协调与平衡。例如，可以通过税收优惠、补贴政策等激励措施来鼓励开发商采取生态友好的开发模式。同时，也可以通过建立生态补偿机制来弥补因生态保护而给开发商带来的经济损失。

总之，我们需要通过制定科学合理的开发规划、融入生态理念的设计手法、政策引导和市场机制等多方面的努力来寻求这一矛盾的解决方案。只有这样，才能在促进城市经济发展的同时保护好宝贵的滨水区生态环境。

3. 文化遗产的过度开发

作为城市历史与文化的重要载体，城市滨水区常常蕴含着丰富的历史遗迹、文化景观和民俗传统。这些文化遗产不仅是城市记忆的重要组成部分，也是城市文化身份的独特体现。然而，在现代化的进程中，过度的商业开发往往忽视了地方特色和文化价值的保护，导致城市滨水区的文化身份逐渐丧失。

过度的商业开发往往以追求经济利益最大化为目标，忽视了文化遗产的保护和传承。在滨水区的开发过程中，一些具有历史意义和文化价值的建筑、景观和遗址可能被拆除或改造，以腾出空间用于建设商业设施或住宅项目。这种短视的开发行为不仅破坏了滨水区的历史风貌和文化生态，也剥夺了市民对于城市历史文化的感知和认同。

文化遗产的过度开发还会导致城市滨水区的同质化现象。在追求现代化的过程中，一些城市滨水区可能会盲目模仿其他城市的成功案例，忽视了自身独特的历史文化和地方特色。这种同质化的开发模式不仅使城市滨水区失去了独特的魅力，也削弱了城市的文化竞争力。

为了应对这一挑战，城市滨水景观设计需要在现代化进程中注重文化遗产的保护和传承。设计师应该深入挖掘滨水区的历史文化内涵，将其融入景观设计之中，打造出具有地方特色和文化底蕴的城市滨水空间。同时，政府和相关管理部门也需要加强文化遗产的保护和管理，制定科学合理的开发规划，确保滨水区的开发活动不会对文化遗产造成破坏。

此外，还可以通过社区参与和公众教育的方式来增强市民对于城市滨水区文化遗产的保护意识。鼓励市民参与滨水区的文化遗产保护和传承活动，让他们成为城市历史文化的传播者和守护者。同时，也可以通过举办文化节庆、展览等活动来展示滨水区的文化遗产魅力，增强市民的文化自豪感和归属感。通过深入挖掘历史文化内涵、制定科学合理的开发规划、加强社区参与和公众教育等多方面的努力来应对文化遗产的过度开发。只有这样，才能打造出既具有现代气息又不失历史文化底蕴的城市滨水空间。

第二章　和谐之美——从传统园林的理水向现代社会的适水发展

本章深入研究园林理水的概念和研究意义，以及探讨如何在适水发展的背景下将传统理念与现代实践相结合。园林理水作为中国传统园林的重要组成部分，具有丰富的文化内涵和技术经验。本章系统地介绍传统园林理水的概念、技术手法和意境设计，为城市滨水景观设计师提供了深刻的思考和启示。本章还对传统园林理水的经验和应用进行分析和总结，有助于传承和创新这些宝贵的文化遗产，为适水发展提供了有益的借鉴。

第一节　园林理水概述

一、园林理水的释义

在传统园林艺术中，“理水”一词源自古代哲学理念，“理”原意指对玉石的加工雕琢，后引申为依据事物本身的规律或特定标准进行加工、处理。园林理水，最初是指治理水域，之后发展为园林设计中对水景的整体处理和艺术创造。《后汉书》中有对理水概念的记载，古代造园师将园林中的水景设计统称为“理水”。

理水是中国传统园林造景的重要组成部分，它不仅包括水景的设计与布局，还涉及水的美学、功能和生态等多方面的内容。在早期，园林理水更多关注水的实用功能，如灌溉和供水等；之后，人们开始注重水景的审美价值，如水面的形态、声响和倒影等。例如，苏州园林等传统园林的理水艺术，充分体现了水景在园林设计中的重要地位。园林理水既能增添空间的灵动感，也能成为视觉焦点，丰富空间。同时，理水还能创造多样的景致，调节微气候，为动植物提供适宜的生存环境。

综上所述，园林理水是将水元素融入园林设计中，创造出和谐、动态、美观的水景，这不仅是对自然美的追求，也是对生态环境的尊重与保护。园林理水艺术的发展，展现了人与自然和谐共生的理念，成为中国传统园林文化中不可或缺的一部分。

二、园林理水的研究意义

在当代园林理水研究领域，存在两种极端倾向：一种倾向是简单模仿传统园林理水手法，未考虑现代园林与传统园林在尺度、开放性、公众参与方式等方面的区别，导致理水作品与时代脱节，限制了人与水的互动，使园林理水的创新与发展受阻；另一种倾向则是完全摒弃传统理水手法，盲目引入西方水景设计体系，这种方法忽视了中西方在理水观念上的根本差异，即西方理水强调理性主义、科技与秩序，追求人工的几何形式美，而中国传统理水则倡导“天人合一”，强调水景的亲近与和谐。

在当代审美观念下，探讨如何融合传统园林理水的人文精神与现代人的审美需求，发展新的园林理水手法是至关重要的。与传统园林相比，当代园林理水的特点在于其开放性，观赏者不仅从局外观看转变为身临其境的体验，还通过各种方式与水亲密接触。此外，技术的进步为园林理水提供了新的可能性，使得水形和水态更加丰富多样，创造出更加动人的水景效果。

综上所述，探索适应当代审美的园林理水新手法，不仅是园林设计领域的重要课题，也是对传统园林文化传承与创新的实践。这不仅需要对传统理水艺术的深入理解，还需要结合现代生活方式、生态环境保护、技术创新等多方面因素，以实现园林理水艺术的现代转化与发展。

三、传统园林理水的重要理念

传统园林理水的核心理念蕴含着深邃的文化内涵和哲学思想，主要体现在以下 5 个方面。

（1）观赏性：形声兼备，以静为主。在中国传统园林中，理水注重动静结合，静态的水面往往通过曲折多变的池形、水中植物、游鱼等元素展现动态之美。这种动静结合的理水手法，旨在营造一种宁静而又生动的水景，供人静观赏玩。

（2）象征性：神仙意识与民族情感。传统园林理水深受神仙文化和民族情感的影响。例如，传统造园中常见的“一池三山”布局，不仅象征着神话中的蓬莱、方丈、瀛洲三神山，也反映了人们追求仙境的文化心理。

（3）哲理性：儒、道、释思想的融合。传统园林理水作为一种文化艺术形式，其设计和构思中融入了儒家、道家、佛家的哲学思想。如道家的“水善利万物而不争”的理念、儒家对水德的赞颂，以及佛教把水作为清净的象征，都深刻影响了园林水景的设计。

（4）文化性：高雅脱俗，风格独特。传统园林理水强调文化性，其设计不仅追求美学效果，也体现了高雅、独特的文化品位。水景的每一处布局、每一种植物的选择都是对园主的文化品位和审美情趣的体现。

（5）综合性：集赏、游、用等多功能于一体。园林中的水景不仅是供观赏的对象，还具有多种功能。例如，提供游憩空间、满足日常用水需要，甚至在调节园林气候、增强生态平衡方面也有着重要作用。

总之，传统园林理水是中国古代园林艺术的重要组成部分，它不仅具有深厚的文化底蕴和哲学思想，也是古人对自然和谐之美的追求与体现。

第二节　传统园林理水的技术手法

一、传统园林理水技术概述

在传统园林理水的实践中，理水技术的应用和发展受到了文化和哲学深刻的影响。理水的核心目的在于通过对自然水体的巧妙引导和调整，使其与园林的整体布局和美学追求相协调。

（1）园林中理水的难易程度。在古代园林艺术中，理水被认为是一项极为重要而又极具挑战性的工作。如古人所言，“假山可为而假水不可为”，意味着水的自然流动和活力是难以完全由人工创造的。园林中水的引入和流动，不只是物理层面的流动，更是融合了空间、美学和文化的多重思考。

（2）水源与水尾的精心设计。明代造园大师计成在《园冶》中就强调水源和水尾在园林理水中的重要性。水源的设计通常隐蔽于景深之内，借助桥梁、石堆和植物增强空间的深远感。而水尾的设计则旨在营造一种无尽的感觉，通过精巧的布局使水流看似无限延伸。

（3）园林中的水流动。园林中的水流动是园林理水艺术的重要组成部分，其艺术性在于如何巧妙地引水入园，并与园林环境和谐地融合。水源的选择和处理需要顺应地形，充分考虑园林环境，以实现自然与人工的完美结合。

（4）传统园林中水源和水尾的关联。在传统园林的设计中，水源与水尾的布局是相互关联的，它们共同作用，营造出一种水体循环不息、源远流长的景观效果。这种设计不仅体现了水的自然流动性，还给人以水景无边无际的感觉。

综上所述，通过对水源和水尾的精心设计，古代园林艺术家们创造出了既符合自然规律又具有深厚文化内涵的园林水景。

二、传统园林理水技术手法介绍

（一）因器成形

首先要认识到水本身的特性：柔和、无定形，即可以呈现出多变的形态。在园林艺术中，通过巧妙的建筑布局、山石堆砌和岸边线条的设计，水体在园林中形成多样化的风貌。这种变化不仅是物理形态上的呈现，更是情感和意境上的丰富表达。

例如，北京颐和园的昆明湖，其水面通过岛屿、桥梁的设置，形成了层次分明的景观空间，乾隆皇帝在其诗作《万寿山即事》中描述了昆明湖的水面分割情况，反映了其对园林水面空间构思的深度思考。承德避暑山庄的芝径云堤，则以其非对称的设计突出了水面的曲折与自然，体现了水形的变化与自然的融合。在更多私人园林，如无锡寄畅园、苏州拙政园和留园等，虽然水体规模较小，但通过小桥、小岛的设置，同样创造了丰富多彩的水景。这些设计不仅增添了园林的景观趣味，也反映了水体在中国传统园林中的重要性。

总体来说，“因器成形”在中国传统园林理水中的应用，体现了人们对水的深刻理解和尊重。通过对水边的建筑、山石和岸线的精心处理，水体不仅是园林中的装饰元素，更是情感、哲理和文化的载体。这种对水的深刻理解和运用，是中国传统园林艺术的重要特征之一。

（二）因声成景

在中国传统园林理水的技术手法中，“因声成景”是一种独特而精妙的艺术形式。它强调利用水体营造独特的声景，通过水流与园林元素的互动，产生多样化的声响，增强园林的艺术魅力。虽然水本身无声，但当它流淌过石缝、泛起涟漪、坠落悬崖时，便能发出各种声音，与园林中的建筑、山石、植被等相互作用，创造出富有变化的声景效果。

古代文人墨客对水声的欣赏体现在他们的诗词中。例如，王维的诗句“声喧乱石中，色静深松里”便生动地描绘了水声与自然环境的和谐共鸣，展现出水流流过岩石与林木时声音的变化和情感的转换。这样的描绘不仅是对自然景观的真实再现，更是对动静相宜、和谐共生的园林美学理念的艺术表达。

园林理水中的声景设计，涵盖了从细微到浩大的各种水声。小至微弱的水滴声、细雨声，大到澎湃的瀑布声，都是园林中不可或缺的声景元素。这些声音不仅丰富了园林的听觉感受，更增添了诗意和情感的层次。例如，细雨滴落在池塘里的声音，可以营造一种宁静、淡雅的氛围；瀑布飞流直下的声音，则给人以壮观、激昂的感受。

综上所述，“因声成景”作为一种园林理水手法，不仅体现了人们对自然之美的深刻理解和尊重，同时也是园林艺术表现力的重要组成部分。通过对水声的巧妙运用，园林理水能够更加生动地传达自然和人文的和谐共融，使园林成为一个充满诗意和生命力的空间。

（三）因光成影

“因光成影”是一种极富艺术魅力的园林理水手法。这一手法的核心在于利用水体的反射效应，通过水面映照出周围景观的倒影，从而创造出一种既真实又虚幻的艺术效果。正如陈从周（2020）在《说园》中所述，水虽然本无色彩，但能够通过反射周围景物，展现出丰富的色彩变化。

自汉代以来，中国园林设计师已经开始运用水面倒影来营造景观。其中，明代扬州的影园是以水面倒影作为主要景观元素的典型代表。影园巧妙地将园内外的景物映照于水中，通过借景的技巧，将柳影、山影、水影巧妙地融合在一起，形成一种既有层次又充满变化的视觉效果。在这样的设计中，水面不仅是一个单纯的元素，还成为连接园林内外、虚实交融景象的桥梁。

水中倒影的生成，依赖于水岸景物的布置。只有当岸边的景观被精心设计和安排时，水面的倒影才能显得生动、有序，并与实际景物相得益彰。例如，一个经过良好布局的花坛、精致的亭台楼阁，甚至是一片树林，都能在水面上产生迷人的倒影，为观赏者带来双重的美感享受。因此，园林中的水体不仅是一种景观元素，更是一种艺术媒介，通过它可以将园林中的实体景观与虚幻的倒影相结合，创造出一种超越现实的美学境界。

综上所述，“因光成影”不仅是一种视觉上的装饰手法，更是一种深含哲理和文化内涵的园林设计理念。通过这种手法，园林设计师能够在水面上营造出变幻无穷的光影效果，使得园林空间更加丰富多彩，具有更深层次的艺术和文化价值。

（四）动静结合

“动静结合”是一种典型的造景艺术，旨在通过动态水体与静态水体的相互作用，营造出丰富多变的水景效果。传统园林中的水体分为动水与静水两种形态，每种形态都承载着独特的美学价值和象征意义。

动水，主要体现在瀑布、溪流、喷泉等动态水体上，通过水的流动展示出活力与生机。它们在园林中的运用，不仅增添了景观的生动性，还通过水声与流动带来视觉和听觉的双重享受。在动水设计中，重点在于对水流的速度、水量和流向的控制，以及如何与周围环境相协调。

静水，则主要体现在湖泊、池塘等静态水体上。它们如同一面镜子，反射出周围环境的景色，营造出一种宁静致远的氛围。静水的美在于它的平静和清澈，能够给人带来内心的平和与宁静。在设计静水时，重点在于水面的开阔度和水质的清澈度，以及如何通过周边景物的映照，增强水面的视觉效果。

“动静结合”的理水手法，旨在通过动水与静水的相互衬托，展现出水的多样性和变化性。例如，在一片静水之中设置跌水小瀑布，或在池塘一角设置喷泉，既可以突出静水的平静，又可以借助动水的活泼，增添水景的生动性。同时，天气变化对水体的影响，如微风吹拂带来的细波纹，雨滴打落形成的水花，都会使静水产生微妙的动态变化，增加水景的趣味性和观赏价值。

总之，“动静结合”的理水手法，不仅是对自然景观的高度模仿与重构，更是对动态与静态美学的深刻理解和巧妙运用。通过动静结合的水景设计，传统园林在展现自然之美的同时，也传达了一种深远的哲学思想和文化内涵。

（五）因地制宜，山水相依

“因地制宜，山水相依”这一手法根植于古代哲学的自然观念之中，强调在造园过程中必须考虑自然地理环境的特点和条件，从而在园林设计中实现山水的和谐共生。

“因地制宜”意味着园林应根据地形地貌、水文地理等自然条件来进行设计。在地势较低的地区挖掘水池，而在地势较高的地方堆垒假山，这种布局旨在模拟自然界中山水相依的景象。在中国园林中，山与水被视为不可或缺的元素，它们相互衬托，共同构成了园林的灵魂。

在大型园林中，通常会引入外部水源，以形成一个完整的活水系统，这不仅保证了水体的活力和清新，也丰富了园林的水景变化。如秦代兰池的建造，便是通过引入渭水而成的典型例子。而在那些面积较小或自然条件较差的园林中，则更加注重“水意”的营造。通过精巧的设计，利用有限的空间和资源，创造出宽广的水景效果，如通过一池水便能联想到江湖万里的意境。

在园林中，山与水的结合不仅是物理上的并置，更是一种艺术上的互补。山的实体与水的虚影形成了虚实对比，静态的山体与动态的水流则产生了动静交融的效果。登高望远可观山之壮丽，俯瞰水面则可赏水之柔美，山水的结合在视觉上形成了一种和谐均衡的美感。

总体而言，“因地制宜，山水相依”的理水手法不仅体现了造园者对自然界的深刻理解和尊重，也映射出中国园林艺术追求天人合一、虚实相生的美学精神。通过这种手法，中国园林不仅是自然环境的再现，更是人文哲学和艺术美感的完美结合。

（六）一池三山

“一池三山”是一种深受中国古代神仙思想影响的设计理念。这一概念起源于中国古代对仙境的向往，尤其是东海三神山（即蓬莱、方丈、瀛洲）的传说，这些地方在古代被视为神仙居住的仙境。

秦始皇寻求长生不老之术的历史故事，特别是他派人出海寻找神仙的传说，深刻影响了后世园林的造景思想。为了在园林中营造出类似神话中的仙境，园林设计师便采用了“一池三山”的设计理念，即在一片水池中心设置三座小山，以模拟蓬莱、方丈和瀛洲三神山的景象。这种布局不仅反映了人们对仙境的向往，也反映了对理想的追求。

历代的许多著名园林，如汉代建章宫的太液池、北魏华林园的天渊池、唐代皇宫内的太液池、杭州西湖、北京颐和园的昆明湖等，都采用了这一理水手法。这种设计不仅在视觉上给人以深远、神秘的感受，而且富有深厚的文化内涵和哲理意味，体现了中国园林艺术追求自然与人文相融合的特点。

“一池三山”的理水手法，通过自然与超自然的结合，营造出一种既真实又超越现实的幻境，充分展现了中国园林设计中对自然景观的高度模拟和对人文意蕴的深刻挖掘。在现代园林设计中，这一传统理水手法仍然深受推崇，不仅因其独特的审美价值，更因其承载的深厚文化意义。

（七）以小见大，曲径通幽

在中国传统园林理水手法中，“以小见大，曲径通幽”是一种深受中国文化内敛、含蓄思想影响的设计手法。这一理水手法体现了中国园林艺术以有限空间营造无限意境的独特魅力，即通过对园林空间的巧妙安排与精心设计，创造出超越实际空间大小的深远、开阔的视觉体验与心灵体验。

在大型皇家园林如圆明园中，通过对水域的划分，创造了多样化的空间感。例如，福海、后湖及小水面分别象征海洋、湖泊和河流溪水，以不同规模的水面表现自然界的广阔与多样。而在面积较小的私家园林中，如苏州网师园，设计师更是运用极小的空间创造出似乎无穷无尽的山水景观，营造出身临其境的艺术效果。

在园林中，对水体的营造以及对水边建筑、山石、植物的布局至关重要。例如，在较小的水面上设置曲折的桥梁、狭长的水道、岛屿和驳岸，以及巧妙地安排植物和假山，可以创造出深远、幽静、曲折的意境，使得小小的水面显得更加丰富和深邃。这些设计手法不仅增添了园林的美感，而且激发了游客的想象力，让人们在有限的空间中感受到大自然的广阔和神秘。

陈从周的“水不在深，妙在曲折”深刻揭示了中国传统园林中理水艺术的精髓。通过水体的曲折变化，园林理水艺术不仅提升了园林的美感，还深化了园林的文化内涵，展现了中国园林艺术在模仿自然、改造自然中的独特魅力。这种艺术手法使得园林不单是一种物理空间的创造，更是一种文化与自然交融的精神空间。

第三节　传统园林理水的意境设计

一、传统园林理水对意境的追求

在中国传统园林艺术中，对意境的追求是其核心所在。意境，作为一种深刻的美学概念，融合了主观情感与理念（意）、客观物质与环境（境），创造出一个既真实又超越现实的艺术空间。这种艺术表现方式，不仅是情感与景物的结合，更是一种神情、韵味和艺术氛围的完美融合，形成了一种既具体又富有抽象情思与意趣的艺术表现形式。

传统园林的设计与中国古代文人的山水画、田园诗紧密相连，共同追求神韵和意味的表现。园林中的每一石、每一水、每一植物的布局，都是园林主人内心情感和哲学思考的外化，同时也是观赏者内心世界的一种映照。在这种情境之中，观赏者能体会到无穷的意象和灵魂的共鸣。

传统园林追求的不仅是视觉上的美，更是一种心灵上的感受，旨在创造出一种情景交融、意象深远的空间。无论是皇家园林还是私家园林，虽然在意境的表达上有所不同，但都致力于通过自然景观的营造，传达出更深的文化和哲理。皇家园林通常强调权力和气魄，展现皇家的尊严和伦理秩序；而私家园林则更注重自然美，其景致和意境更接近山水画，显得飘逸、清雅而深沉。

在传统园林中，水景的布局通常融合了自然与艺术，旨在创造出一种超越现实的意境。水面的静谧可以映照出周围景色的美，动态的水流又能展现水的灵动与活力，通过动静结合，园林中的水景便成了一种能够引发观赏者情感共鸣和思考的艺术形式。例如，一池静水倒映着蓝天白云，给人一种宁静致远的感觉；而潺潺的溪流则展现了生命的活力与流动之美。

此外，园林理水还常常借助象征和暗示来增强意境。例如，传统园林中常见的“一池三山”布局，不仅是对自然景观的再现，更是对仙境、理想与美好愿望的象征。同时，园林中水景的声音、光影效果也是构成意境的重要元素。水的潺潺声、水面的光影变化，都能激发人们的情感和想象，创造出一个既真实又超越现实的美学空间。

综上所述，传统园林理水对意境的追求不仅体现在其物理形态上，更是通过水与自然、文化、哲学的完美结合，创造出一种超越物理形态的深邃意境，使园林成为一种能够触动人心的艺术作品。

二、传统园林理水的意境设计——“宛自天开”

（一）“宛自天开”的释义

“宛自天开”是中国传统园林理水艺术中的一个重要美学概念，它来自古代园林建筑的理念，主要体现在园林的设计和布局上。这个表达最早出现在明代造园大师计成的《园冶》一书中，后逐渐成为中国园林设计的重要指导原则。

“宛自天开”是指园林设计应尽可能自然、不刻意，景观仿佛是天然形成的，而非人工制造的。它强调的是在园林的设计过程中，尽量保留自然的形态和风貌，让人造景观与自然环境融为一体，达到天人合一的境界。

在实际操作中，“宛自天开”体现在以下几个方面。

（1）模仿自然。园林设计师通过观察自然界的山水、植物等，将这些自然元素的形态、布局、颜色等引入园林之中，创造出既符合自然规律又富有艺术美感的景观。

（2）隐蔽人工痕迹。在园林建设过程中，尽量隐藏或淡化人工施工的痕迹，如通过自然曲折的路径、不规则的水面等布局手法，人感受到的不是人工的创造，而是自然的赠与。

（3）追求意境。园林设计不仅是对自然景观的复制，更是通过艺术手段对自然景观的提炼和升华，以营造出超越自然的艺术境界。

（4）因地制宜。根据园林所处的自然环境和地理条件，灵活选择植物种类、水体布局和建筑风格，使之与周围环境和谐统一。

总之，“宛自天开”不仅是一种园林设计手法，更体现了古人对自然的崇敬和尊重。这种理念在当今社会仍具有重要的启示意义，即在进行现代城市规划和园林设计时，也应尊重自然、保护生态，追求人与自然的和谐共生。

（二）“宛自天开”的意境设计

中国传统园林中的理水艺术，尤其是追求“宛自天开”的意境设计，凸显了我国园林文化深厚的哲学和美学内涵。在这一理念指导下，园林理水不仅是对自然山水的模仿，更是对自然山水的超越和提炼，旨在通过人工布局与处理，创造出宛若天成的美丽水景。

1. 引水之源

在实践中，“宛自天开”主要体现在对园林水源的精心设计与处理上。在中国园林文化中，水是生命与精神的象征，与各种艺术形式如山水画、山水诗等紧密相关。园林中的水不仅有实用价值，还具有深刻的审美意义，成为园林选址与设计的关键要素。

“宛自天开”的意境设计的首要任务是寻找并处理园林的水源。如陈从周（2018）所言：“园林之水，首在寻源，无源之水必成死水。”这意味着园林中的水源不仅决定了园林的生态环境，而且是营建园林意境、烘托氛围的重要媒介。计成在《园冶》一书中强调“疏源察流”原则，即不仅要引入“活水”（即有源且流动不断的水），还要通过开凿水源、挖掘沟壕等方式来寻找和引导水源，以创造出生动而自然的水景。

“活水”的引入不仅给园林带来生机与活力，还有利于构建一种自然清新、雅致脱俗的水体景观。同时，“疏源察流”也是为了创造“宛自天开”的园林景观，既模仿自然又超越自然，形成一种弄假成真的艺术效果。例如，河北承德避暑山庄的水体景观就是一个典型案例。它的水源主要取自周围的山溪和河流，使得园林中的水常年清澈明净且流动不止。这种巧妙的水源处理不仅使园林生机勃勃，还营造出了一种自然而和谐的美感。

此外，合理的水源处理能够避免园林水体的污染，维持园林生态的健康与平衡。例如，河北承德避暑山庄的水体设计，就是在广阔的空间中巧妙地利用自然水源，创造出丰富多变的水景。其水体不仅源自自然，还通过精心的规划和设计，山庄中的水景既自然又富有变化，充分体现了“宛自天开”的园林美学。

总体来说，在“宛自天开”的传统园林理水意境设计中，引水之源的处理不仅是技术上的要求，更是对自然美的深刻理解和尊重的体现。通过巧妙地利用和引导水源，不仅能够营造出自然而优美的园林环境，还能在园林中营造出一种天然、和谐、充满生机的氛围，让人仿佛置身于自然之中。

2. 仿水之形

“仿水之形”，是对自然水体的形态进行艺术化再现和创新。仿水之形不仅展现了水体的自然之美，也是园林设计中追求人与自然和谐统一的重要体现。

计成在《园冶》一书中对此有深刻阐述，他提出的仿水之形的策略主要有两个方面。

（1）水岸的曲折设计。在开凿水池时，计成强调水岸应设计成曲折有致的形状，使得水流入园时自然地呈现出曲折迂回之态。这样的设计，不仅增加了水体的动感和生机，也使水景与周围的环境更加和谐融合，给人以宛若天成之感。

（2）岸边布置的巧妙运用。计成主张在水岸边安置山石、花木和建筑等元素，以此来打破水岸的规整，增加水体的变化和趣味。例如，他提倡在池边摆放石块，这不仅有加固水池的实际作用，还能因岸石的不同造型使水体景观变得丰富多样。与计成同时期的园林设计大家张南垣也表达了对“曲”的重视，认为传统的方塘设计已不合时宜，应改为曲岸。这反映了当时的园林设计界对仿水之形的普遍认同。现代园林学者普遍认为无论水面大小，曲折的设计都是必要的，这不仅体现了水体的含蓄美，也为园林增添了无穷的妙趣。

在具体实践中，园林设计师们巧妙地利用园林的地形地貌，创造出多样化的水体形态。这些水体或宽敞开朗，或曲折幽深，通过对水岸的设计和水面的规划，形成了丰富多变的水景。如同金学智（2000）所言，园林中的水体是对自然界中各种水的形态类型进行审美模拟和创造性表现。特别是在私家园林中，由于空间相对有限，对水形的创造尤为讲究。通过曲折的水岸线、大小不一的水面，以及水边配景，园林设计师们在有限的空间中创造出无限的山水意境。这些水景不仅体现了自然之美，还富含深刻的文化内涵和哲学思想。

总体来看，“仿水之形”是对自然水体形态的艺术性模仿与创造，将自然之美融入园林之中，使得园林既是人工创造的艺术作品，又是自然美的延伸和映射，从而达到了园林艺术与自然美的完美融合。

3. 循水之理

计成在其著作《园冶》一书中对“循水之理”有着深入的论述，强调在园林设计中应顺应水的自然规律，以展现水体自然之美。

（1）水的流动性的运用。计成十分重视水的流动特性，认为水的流动不仅赋予了园林生机与活力，同时也展现了中国哲学与美学中的普遍规律和变化。在园林中，水的流动性的设计体现在对入水口与出水口的精心规划上，创造出“疏水无尽”的景象，增添了园林的趣味与生机。同时计成也注重静水的美，认为静止的水面能产生梦幻般的光影效果，营造出平静而深远的美景。

（2）顺应水流趋势的地形利用。在《园冶》中，计成提到“高方欲就亭台，低凹可开池沼”，意指顺着水流趋势在园林低洼处开凿池沼，使水体顺应地形的高低变化，营造出自然的层次感。这种设计既呈现了水体自然流动的美感，又可节约资源和劳力。

（3）自然瀑布的创造。在设计瀑布时，计成根据水流自上而下流动的自然趋势，创造性地利用雨水收集和水流自然流动的天然特性，形成了好似自然形成的瀑布。这种设计既体现了人类对自然规律的尊重，又彰显了人类对自然的巧妙改造。

综上所述，计成在园林理水中强调“循水之理”，不仅体现了顺应自然规律的设计原则，也展现了园林设计师对自然之水深刻的理解与尊重。循水之理不仅使得园林水景更具自然美，还增强了园林的生态功能和美学价值，真正达到了“宛自天开”的园林理水意境。

三、传统园林理水的意境设计——“断水无尽”

（一）“断水无尽”的释义

这里的“断水无尽”需要从两个方面理解。第一，从形式上理解，“断水无尽”是一种理水手法，通过对水体的分隔、隔断和掩映，水体在视觉上呈现断而不断的效果。这样的设计不仅增加了水景的变化和层次感，还使有限的水面显得深远、广阔。第二，从创造无限空间意境来理解，设计师利用自然和人工元素相结合的方式，引导游客的视线，创造出一种超越实际空间限制的体验。通过巧妙的布局，水流看似绵延不绝，引人入胜。“断水无尽”不仅是一种视觉艺术，更是一种情感和心灵的体验，激发人们的想象力和情感联想，使人们在欣赏园林时产生深远的思考和无限的遐想。“断水无尽”体现了中国古典哲学中“天人合一”和“顺应自然”的思想。园林设计师通过对自然规律的尊重和理解，创造出既符合自然法则又富有艺术美感的园林空间。它是对自然与人的关系、空间与感知的深刻探索。它体现了中国园林设计的精妙与深邃，使园林成为艺术和哲学的融合体（曹赟，2020）。

（二）“断水无尽”的意境设计

中国传统园林设计的一个典型特点是“山的元素多于水”，这种布局方式意在通过有限的空间营造出一种山水相映成趣的广阔感觉。在这种设计中，园林的建筑结构（如房廊）扮演着至关重要的角色。这些结构不仅是园林布局的基础，还起到了划分水面和掩饰水岸的作用，从而增强了水体空间的层次感和深度。此外，通过岸边的岩石布局，水面被切割成多个部分，每个部分都有其独特的景观，整个水体看起来更具深远的美感。这种设计手法主要围绕“山水互成”“房廊截水”“岸矶断水”3个方面，共同构成了园林中“断水无尽”的深邃意境，让人在欣赏水景时产生无限的遐想和深思。

1. 山水互成

“山水互成”深刻反映了园林设计师对自然山水美的理解和再现。郭熙（2010）在《林泉高致》一书中说道，“山以水为血脉”“山得水而活，水得山而出”，这表明了山与水是相互依存、相辅相成的关系。同样，笪重光（1987）在《画筌》

中指出："山脉之通，按其水迳；水道之达，理其山形"。这意味着在探寻山脉时应参考水流的路径，而在探求水道时则需考虑山的形态，彰显山水本为一体、相得益彰的观点。

在园林设计中，"山水互成"体现在水体的连续与断续状态上。这种"断水无尽"的处理方式是让水流在山间断断续续地穿行，加强了山水之间的紧密联系，使水系显得延绵不绝。以杭州西泠印社所在园林为例，这个小型山地园林虽濒临西湖，却在园内巧妙地引入水流，形成了延续的水系。从山顶的文泉、闲泉，到下方的潜泉、印泉，再到园子最底层的莲池，每一层都有其独特的水面，构成了四层台地式的连续水景。这种设计不仅使水流在园林中自上而下地流淌，还营造了水流在山林间穿梭的意境，使游客在游览过程中感受到水的缠绕和延绵。

这样的设计理念不仅体现了山水间的和谐共生，还彰显了水的灵动与变幻，使园林的山水景观更加丰富和生动。每一处水面都以其独特的风貌与周围的自然环境相融合，使得园林的每一处角落都充满了生机与趣味，展现出"断水无尽"的深远意境。这种巧妙的山水相宜设计，不仅体现了传统园林的精湛技艺，更是对山水美学的高度诠释和尊重。

《园冶》一书中，计成高度重视"因借"与"体宜"的原则，特别是在面积较小的私家园林中，借助周边的山水，通过巧妙的设计，园内的山水景观与园外的自然景色紧密相连，从而在有限的园林空间中营造出一种浩瀚无垠的感觉。

以无锡的寄畅园为例，设计师巧妙地利用了其地理位置，使其与周围的锡山和惠山紧密相连。通过将惠山泉等自然水源引入园内，设计师在园内营造了一系列连续的水景，园中的水系与周围山脉自然融合，形成了山水互成的格局。而在苏州的沧浪亭，虽然园内外被廊道隔开，但巧妙的窗洞设计和桥梁连接，使得园内外的水景相互呼应，共同构成了一幅和谐的山水画卷。

在"山水互成"的设计中，山石与水面的比例、水岸的处理方式都至关重要。如环秀山庄中，水体被巧妙地分割为泉、溪、涧、池等多种水景元素，水流在山石间穿行，形成了错落有致的水景。这些水体元素不仅在视觉上增添了园林的深度和层次感，还在情感上激发了游客的无限遐想。

"山水互成"还体现在对水源的隐蔽处理上。明代唐志契在《绘事微言》中强调，水口应从山中流出，形成天然而变化多端的水流。这种设计思想在《园冶》中得到了进一步的发展，通过隐藏水源，创造出既神秘又自然的山水景观，园林的水景具有更强的吸引力和趣味性。

此外，山水互成的理念还在垂直空间上得到体现，尤其是在瀑布的设计上。通过利用高差和山石的排列，瀑布被分成数个段落，形成连绵的水景，这不仅增加了瀑布的视觉美感，也营造了水的无尽流动之感，使园林的山水景观更加生动和丰富。

2. 房廊截水

房廊作为园林中的一种建筑元素，承担着“断水无尽”意境的营造重任。

房廊的设计和布局，不仅是园林的结构支撑，更是塑造水体空间感的重要元素。在处理水面空间时，通过房廊、桥梁、亭榭等建筑的分布与布局，巧妙地将水面进行划分与隔断，既丰富了水景的层次，又延伸了水面的视觉深度。例如，在苏州艺圃园中，延光阁的架设不仅在水面上形成了一种视觉上的切割，还通过其与周围环境的对比，增强了水体的空间感。虽然从平面上看似将水面截断，但实际上却在视觉上营造了一种水面连绵不尽的感觉。

在苏州拙政园中，设计师巧妙地通过小沧浪水院的小飞虹桥与小沧浪水榭的布局，对水体进行了分割，增强了水景的层次感和深远感。游客在不同的建筑中观赏水景，可以体验到由近及远、由浅入深的视觉变化，从而感受到水的延绵与无尽。

杭州郭庄的两宜轩，设计师则将池水划分为两部分，分别营造出开阔与幽静的不同氛围。这种通过建筑隔断水面的方式，既体现了园林设计的巧妙，又赋予了水面更加丰富的意境。两宜轩及其通廊的透视设计，使得南北两侧的景观各具特色，彰显出园林水景的变化与和谐。

总的来说，“房廊截水”不仅是一种空间上的处理技巧，更是一种深入园林文化内涵的艺术表达。通过建筑与自然水体的巧妙结合，既展现了人与自然的和谐共生，又赋予了园林更深层次的美学价值。

3. 岸矶断水

岸矶断水设计理念通过巧妙地调整和规划水岸的曲折线条，分割和扩展水面，从而营造出一种既有限又仿佛无限延伸的水体空间感。这种设计手法不仅加深了水体的视觉效果，还增强了园林的层次感和深度感，为游客提供了更为丰富和多元的视觉体验。

例如，在倪瓒的《虞山林壑图》中，通过画面左右错落的岸矶设计，挤压水面，使水体呈现出弯曲流动的姿态，直至流向远方被远山掩映，给人留有遐想的余地。彭一刚（1986）在其著作《中国古典园林分析》中指出，江南园林中的水岸多由山石构成，通过山石的自然布局，打破岸线的平直，使水面呈现出曲折深远的风貌。如无锡寄畅园中的锦汇漪，通过岸石的布置，形成了若断若续的水面，水体展现出连绵起伏的美感。此外，计成在《园冶》一书中对岸矶断水的处理也提出了具体的建议，强调水岸形态应随曲合方，即建筑临水的岸线可较为平直，而与山石和园路相交的岸线则应曲折变化。

在实际应用中，园林中的水岸往往利用自然的山石来构造。山石的天然形态，无论是突出还是内凹，都能自然地引导水流，形成曲折流畅的水岸线。

此外，在园林设计中，亭榭、廊桥等建筑元素也是岸矶断水设计的重要组成部分。这些建筑不仅起到实用的功能，还在视觉上与水体形成互动，共同塑造了独特的水景风貌。在苏州拙政园中，靠水而建的各类建筑通过与水体的互动，进一步丰富了水景的表现形式，给水景增添了更多的趣味和变化。

总而言之，“岸矶断水”设计理念不仅体现在水岸的自然美学上，更是融合了人文精神与审美追求，成为传统园林水景中不可或缺的艺术元素。通过精心规划的岸矶和建筑布局，“岸矶断水”赋予了园林水景以无限的想象空间和深远的美感体验。

第四节　传统园林理水的经验及应用

传统园林中的理水艺术是园林设计中的重要组成部分，它不仅涉及水体的形态、布局和功能，还包含了丰富的文化和哲学思想。在中国园林中，水的运用体现了“天人合一”的哲学理念，追求自然和谐与意境的营造。

一、核心过程

（一）水源布局

陈从周（2020）在其著作《说园》中强调的“山贵有脉，水贵有源，脉理贯通，全园生动”，以及计成在《园冶》中提到的“立基先究源头，疏源之去由，察水之来历”，均指出了水源在园林布局中的重要性。一个优美的自然环境，特别是合适的水源，是选定园林地点的先决条件。园林理水的核心在于找到合适的水源，无论是引用自然湖泊、山泉，还是对现有水体的改造，水源都是园林的基础。

以承德避暑山庄为例，它位于武烈河下游，它的选址考虑了水源的可靠性和水质的优良，以确保园林的用水需求。在进行园林理水设计时，设计师不仅要考虑水源的可靠性和水质的优良，还要考虑气候变化对水域的影响。

传统园林在水源处理上，常将水源引入口隐藏于暗处，形成“源流脉脉”的意境。为增强空间的幽深感，园林设计师常采用桥梁等元素。例如：苏州留园的水源入口巧妙地与假山结合，形成水涧，并架设石梁，营造出丰富的景观层次；网师园东北角的入水口则通过拱桥增加景观变化。设置水门也是一种常用手法。

水门的形式多样，如与自然假山石相结合的山石水门，或石桥形式的水门。苏州怡园中的太湖石假山水门，将水系分为大、小两个水池；上海豫园大水池东侧利用花墙作为水门，均展现出独特的园林水景美感。

总之，在中国传统园林中，对水源的精心布局与巧妙处理，是营造园林水景的关键，不仅体现了人们对自然的尊重和利用，也展现了园林艺术的独特魅力。

（二）水道设计

陈从周（2020）在《说园》一书中提出“水曲因岸，水隔因堤”，这一理念强调了水道的曲折与堤岸的重要性。在园林中，水道不仅水流是直线流动的渠道，还应通过岸线的自然曲折和堤岸的巧妙构筑，形成一种曲径通幽的景观效果。水道的设计通常使用自然材料（如土石）和临水砌筑的方式，以营造出平面上的曲折和立面上的层次变化。此外，为了增添水岸的多样性和趣味性，常常在水岸边建造各种建筑（如亭台楼阁），以及利用植物和山石的点缀作用，使水岸景观丰富多彩。

承德避暑山庄的水道设计是一个经典的例子。园内的水系从引水入园开始，先形成一个大面积的水域，即“半月湖”，之后流入一条长河。这条长河在“旷观”处被长岛分割为两股水流，随后分别流向多个湖面，如内湖、镜湖、如意湖、上湖、下湖等。在流至梨树峪和松云峡等谷口处水系扩大成喇叭口状，整体上形成了一种以水环绕岛屿的设计风格。这种设计不仅丰富了园林的水景，也增强了园林的空间感和层次感，使得游客在游历中能够体验到水流的变化和丰富的景观效果。

（三）水尾处理

在中国传统园林的理水设计中，对水尾的处理尤为讲究，旨在营造一种水流蜿蜒而不绝、仿佛永无止境的感觉。设计师在处理水尾时会采用多种方法。一种常见的方法是利用建筑作为水流的终结点。例如，水榭通常就被设计为向内凹进或向外悬挑，使得水流似乎穿过建筑而流向园外，给人以水流无限延伸的错觉。苏州拙政园中的“海棠春坞”便是这样的设计实例。另一种方法是在水尾部分设计狭长的水道，并在其分割点设置桥梁或石矶，以掩盖水面的界限。这种设计在网师园中得到了应用，通过巧妙的遮挡手法，使水流显得更加悠远和深邃。

园林水体排出园外的方式主要有两种。第一种方式是通过暗管将水尾部分的水流导入下水道或园外的河道，这样做既保证了园内水体的循环，又使得水尾看起来仿佛自然消失于园林之外。例如，苏州的狮子林便采用了这种设计，通过阴沟管将园中的水自然排出园外。第二种方式是直接将园内的水体与园外的河道连接。这种设计方式在苏州的网师园中有所体现，通过直接与外部水道相连，园内外的水体在视觉上形成了一个整体。

二、水体布局

（一）集中式布局

在中国传统园林理水的实践中，采用集中式布局的园林，一般规模较小，如庭院式园林。由于其空间受限，园林设计师在水体设计上往往采用集中式布局的方法来营造广阔的水面视觉效果。

集中式布局的核心在于，在园林中心设置一个大面积的水池或湖泊作为视觉和设计的焦点。这种布局方式能够在有限的空间内创造出开阔、宁静的环境氛围。例如，陈从周在《说园》一书中提到，园林中的建筑沿水而建，形成了向心的格局，而水面的辽阔又使人心旷神怡。这样的设计在北海的画舫斋和颐和园的谐趣园中都有体现。在这些园林中，水池通常采用不规则的形状，周围布置有假山和植被，以增加空间的层次感和美感，如苏州的寄畅园、网师园等。

（二）分散式布局

在中国传统园林中，分散式布局以其独特的韵味和精致感而著称。这种理水布局方式主要是将广阔的水面分割成多个相互联系、互为补充的小型水域，从而营造出一种深远幽深且似乎无限延伸的视觉效果。

陈从周在《说园》一书中提到，大面积的水体若未与其他水域相连，往往显得过于静寂和缺乏生机。采用分散式布局，例如，在水体的一角设置一股细小的流水，并辅以山石或临水建筑，便能赋予水体活力，令人感到水有源头，水体变得活泼而生动。

分散式布局不仅能够增强园林内各个区域的独立性，同时也使各个区域通过水体的连通互相渗透和融合。例如，在南京的瞻园中，三个相互连通的小水面各自形成一个独立的景致中心。苏州拙政园的水体设计则是分散式布局的典型案例。其内部的水域环绕流淌，形成一种无限延伸的视觉效果，特别是园内中部的狭长水面，穿越整个园林，营造出深邃且意味深长的意境。

在私家园林中，分散式布局常见于小型的庭院，但在大型皇家园林中，如承德避暑山庄，也可以见到分散式布局的理水手法。尽管承德避暑山庄的整体布局倾向于集中式的大面积水域，但其东南区的湖泊区域却采用了更为精致和幽深的分散式布局理水手法，创造出独特的天然趣味和雅致情境。

三、水的表现形态

（一）湖泊和水池

在中国传统园林的理水艺术中，湖泊和水池的布局及造型，承载着丰富的文化内涵与审美追求。园林中的湖泊，通常作为景观设计的核心，它不仅体现了水的广阔，还是园林中亭台楼阁、花草山石等景观元素布局的重要依托。设计师在设计湖泊时，经常用自然山石构建岸边，赋予其曲折且流畅的线条，以营造出湖水丰盈且生机勃勃的意境。此外，湖泊中还常设有岛屿、水榭等元素，以增添湖面的美感。

在水池的设计上，中国传统园林同样展现出细腻与巧妙。苏州留园和网师园的池岸多采用天然石块砌成，呈现出一种自然而不失精致的美感；而苏州拙政园和无锡寄畅园的池岸设计，则更侧重于利用现有土坡上自然放置的石块，呈现出更为朴素自然的风格。在苏州留园中，采用悬挑的池岸设计，能够有效地隐藏水体的真实边界，营造出一种无边无际的宽阔与深远感。

此外，中国传统园林理水的设计理念还受到山水画的深刻影响，追求山水的和谐共生，彰显“山得水而活，水得山而媚”的理念。在面积有限的私家园林中，由于无法实现大规模的水体布局，因此常以精巧的小水池来代替，这些小水池虽小，却在园林中起到画龙点睛的作用。这些小水池，通常采用简单而自然的设计，如半月形或正方形，以朴素而不失精致的姿态呈现出来。例如，杭州的虎跑寺的园林广泛应用了各种形式的小水池，为整个园林增添了许多妩媚的景观元素，使园林的山水景观更加生动和富有层次感。

（二）江河和山溪

在中国传统园林的理水艺术中，江河和山溪作为动态水体，赋予园林生动活泼的特征。这类水体以其流动性特点，不仅丰富了园林的动态美，还增加了观赏的趣味性。

在园林设计中，江河多呈带状分布，常用来划分园林的不同区域或起到线形引导的作用。江河的设计强调水体宽窄的对比变化，如在狭窄部分收束视野，在宽敞区域则设置开阔的景观，通过这种方式营造丰富多变的视觉效果。水体的蜿蜒曲折设计不仅增添了景观的深度和幽远感，而且配合人工打造的山谷沟壑，为游客提供仿佛身处自然山水中的独特体验。例如，北京颐和园的后山区域，就是通过一条蜿蜒的河流将分散的景点串联成一个整体，形成了景观的连续性并增强了观赏的愉悦性。园林中的江河水体一般采用自然土岸和散布的山石，能使河岸线更加自然曲折。这种设计有效地延长了水体流程，给游客带来了悠长曲折的感受，如苏州留园的“活泼泼地”和上海古猗园东部的水体。

在园林设计中，山溪作为一种狭长的水体，则常以山石叠置两岸形成溪流的形式出现。与广阔平川上的自然小溪相比，园林中的山溪在处理手法上更注重细腻与妙趣，通常是在溪岸布置山石，形成自然而优美的流水景观。例如，苏州拙政园西南部的塔影亭旁的溪水就是一个很好的例子，其巧妙地融合了自然山石和水流的优雅，为园林增添了灵动与生机。

（三）潭渊与瀑布

在中国传统园林中，潭渊和瀑布的设计与营造，反映了古代园林艺术家们对自然美感的深刻理解和高超的造园技艺。

潭渊多位于园林的隐蔽角落或幽暗处，以叠石方式塑造，在狭窄空间中营造出水面深邃、丰沛的视觉效果。例如，无锡寄畅园内秉礼堂一侧的潭渊、苏州听枫园内半亭下的潭渊，以及苏州三元坊御碑亭下的人工山谷，尽管面积不大，却因精心设计而营造出潭渊般的景致。此外，杭州西泠印社内竹林下的小潭印泉、无锡寄畅园的八音涧下的小潭，都是经典的潭渊设计实例。

瀑布在园林中的建造历史悠久。早期瀑布的建造多依赖人工储水，再利用地形落差形成人造瀑布。张淏（1989）在《艮岳记》中对此有生动描述：“山阴置木柜，绝顶开深池，车驾临幸，则驱水工登其顶，开闸注水，而为瀑布。”这种方法虽然效果显著，但消耗巨大，且持续时间有限。直到清末，园林工匠开始尝试利用机械抽水替代传统方法。清代邓嘉缉在其著作《愚园记》中提及：“以机引曲池水为瀑布，返泻于池，铮铮声若琴筑。”尽管机械抽水为瀑布的建造带来了便利，但在传统园林中并未得到广泛应用。

如今，传统园林中的瀑布已较为罕见且规模较小。过去依赖人工储水的瀑布，现已多改为电动机器抽水方式，提供的水源稳定且方便。例如，苏州狮子林中的“听瀑亭”旁的瀑布，通过山顶水柜储水后开闸放水，形成独特的三迭瀑布景观，展现了人工瀑布的独特魅力。

（四）源泉与水涧

在中国传统园林的理水艺术中，源泉与水涧的布置尤为讲究，体现了古人对自然山水的精妙模仿和改造。

源泉在园林中有两种常见的布局方式。一种是利用园内天然泉水。在这种情况下，设计师通常会对泉眼进行精心的加工，如将泉眼装饰成石质龙头样式，使得泉水在落入池中时形成独特的视觉和听觉效果。杭州西湖的“玉泉”及无锡惠山寺的“天下第二泉”便是此类典范。另一种是模拟天然泉水的处理方式。例如，无锡寄畅园的“八音涧”，它巧妙地引入园外泉水，通过假山石缝流淌，再从洞口落入下方的潭中。泉水的流动变化多端，时快时慢，发出悦耳的水声，仿佛八音齐奏，展现了极高的造园艺术。苏州天平山的云泉精舍内部的泉水处理，也同样利用了自然地貌，创造出独特的景观。

水涧的设计则侧重于表现水流在两山之间的带状水面。这类设计通常出现在山石两侧，营造出水流在狭窄空间中的回环曲折效果，营造出深邃幽静的意境。例如，苏州环秀山庄的水涧，在地形的限制下，水系在山石间迂回曲折，时隐时现，形成强烈的空间对比和视觉吸引力。

通过对源泉与水涧的巧妙布局，中国传统园林不仅在视觉上呈现了自然山水的魅力，更在听觉上营造出山间泉水潺潺的流动声，充分体现了中国传统园林理水艺术的深厚底蕴和独特魅力。

四、水的因借体宜

“因借体宜”这一理水经验强调的是根据具体的地理环境、地形地貌来设计园林，追求与自然的和谐共生，避免违背自然规律的强制性建造。同时，这也意味着在园林内部，山石、水域、道路、植被及建筑之间应相互借鉴，形成一个和谐统一而又富有生机的园景。

（一）水与建筑的因借

在水与建筑的相互配合上，中国传统园林展现出独特的美学价值。陈从周（1999）在《园韵》一书中指出：“亭、台、廊、榭无不面水，使全园处处有水可依”。这句话揭示了传统园林中水与建筑间的亲密关系。在园林中，水体常与亭、台、楼、阁、榭、廊等建筑相伴。这种亲水建筑的设置，不仅能够令人赏心悦目地观看优美的水景，还能通过建筑在水面的倒影，形成独特的水色景观。

水与建筑的因借主要表现在以下几个方面。

（1）水体布局与建筑设计相协调。在传统园林中，水体的布局往往是根据建筑物的位置和形式来精心规划的。例如，将亭台楼阁布置在水边，以确保每个角落都有水景可赏。这不仅令园林景致更加丰富多样，还使建筑与水景相辅相成。

（2）水体的形状与建筑的风格相融合。传统园林通常会根据水体的类型，如湖泊、池塘或小溪，来调整建筑的风格和形状。这样的设计考虑了水与建筑的相互关系，使其相得益彰。例如，曲线形状的建筑与弯曲的小溪相得益彰，而方正的亭台与静止的池塘相得益彰。

（3）水体的运用与生态平衡。中国传统园林注重水的循环利用，巧妙地利用水池和渠道系统来维持水的清新和流动。这种设计不仅美化了环境，还为园林中的植物和动物提供了良好的生存条件。同时，水体还在炎热的夏季调节了微气候，使园林更加宜人。

（4）水与文化的融合。传统园林中的水体常常承载着文化内涵和精神内涵，如水景折射出的诗意和哲学。通过在水边设置雕塑，园林可以传达深刻的文化信息，游客在欣赏自然美景的同时，也能领略到中国文化的精髓。

总之，中国传统园林中的水与建筑的相互依存关系体现了丰富的文化内涵和生态智慧。

（二）水与山石的因借

在中国传统园林设计中，水与山石的相互关系源自古代山水画的美学理念，旨在追求半山半水的园林意境，使水体与山石相互依托，成为园林景观的核心元素。园林中的水体与山石相互交融，共同创造出和谐统一的景观特色。

计成（1957）在其著作《园冶》中深刻地诠释了这一设计理念。他强调，山石在园林中的布局占有至关重要的地位，特别是在创造水景时，山石的角色愈发显著。无论山石大小如何，都具备独特之美。

苏州惠荫园内的“小林洞屋”的设计充分彰显了水体与山石的精妙融合。四周被水体环绕的“小林洞屋”位于假山上，拥有东西两个洞口，其中东侧的洞口直接与水体相连，游客可以蹚水穿过，然后通过石矶栈道抵达西侧的旱洞出口。这种设计巧妙而富有趣味性，生动展示了水体与山石相互依赖和借景的美学原则，堪称中国传统园林中水体与山石互动的经典设计案例。

（三）水与植物的因借

在中国传统园林设计中，水与植物之间的互动关系体现了“师法自然”的设计原则，不仅维护了园林的生态平衡，还赋予了园林景观更加深刻的美学价值。园林水景的设计中，植物的选择和布局可以分为两个主要类别：一是水生植物，它们生长在水体内，如睡莲和荷花；二是水岸景观植物，它们被种植在水体边缘，如水杉、垂柳和芦苇等。

水生植物，如在水中生长的睡莲和荷花不仅有助于维持水质的清新和生态平衡，还因其独特的形态和多彩的颜色，提升了水景的艺术表现力。这些植物的存在能够柔化水岸线的硬朗轮廓，为水面景观增添了丰富的层次感和视觉吸引力。

水岸边种植的植物，如水杉、垂柳和芦苇等，不仅能够使水体景观更有深度，还会在水面上投射出倒影，创造出独特的水景效果。在选择这些植物时，需要充分考虑它们的形态和线条，以确保与水体相互协调，形成充满表现力的景观，同时凸显水的流动与植物的宁静，以形成视觉上的和谐与对比。

总之，水与植物之间的互动体现了园林景观对自然美的追求，同时也凸显了园林设计的精湛技艺。这一设计原则是园林艺术不可或缺的一部分，为园林景观在美学和生态方面的融合提供了关键支持。

（四）水与堤桥的因借

堤桥在传统园林设计中扮演着重要的角色，是园林景观中最重要的元素。堤通常建构于广阔的水域之中，其主要职能包括引导水流和分割水面。一般情况下，堤的设计呈现直线状，上铺道路，以方便游客近水观赏景致。此外，堤上常设有涵洞或桥梁，用于连接两侧的水域，有时还会在堤上兴建小型亭台等建筑物。例如，杭州西湖的白堤和苏堤就采用了这样的设计手法，将湖面分隔成多个大小各异的水域；而北京颐和园的西堤也运用了类似的设计理念；承德避暑山庄内的芝径云堤则以其精巧的分割湖面技术，展现了堤的曲线。

桥作为传统园林的重要构成元素，不仅是通行的设施，还是欣赏水景的焦点。计成（1957）的《园冶》中提到：“架桥通隔水，别馆堪图”，便强调了桥在园林设计中的多重功能。桥不仅是观景点，还是水景的重要组成部分，为水体增添了诗意。例如，南京瞻园的曲桥和北京颐和园的玉带桥都是园林桥梁设计的典范。此外，园林中还会见到渡水汀步，这种设计通常用于河滩和森林小溪，为游客提供更加贴近自然的体验，增强了人与自然的互动。

因此，水与堤桥的因借体宜是传统园林设计中的关键要素之一，它们共同构筑了独特的园林景观，使人们能够在这些美丽的环境中畅享自然之美，同时实现了水景的设计与生态的和谐统一。

五、水体与其他景观元素的比例关系

在中国传统园林设计领域，水体与其他景观元素的比例关系，承载着深厚的文化意蕴。这种比例关系不仅是体现园林自然美感的关键，也是保持空间和谐与平衡的重要因素。园林设计的核心宗旨是在有限的空间内营造出一种无限风光的视觉与心灵体验。因此，对于水体与园林中其他景观要素如山石、植被、建筑的比例关系，需要园林设计师进行精准地把握与设计。

计成在其经典著作《园冶》中，对园林水域面积的比例关系有过精确的阐述。他主张园林中水体面积应占园林总面积的 30%，而用于模拟自然地形的山石等应占 40%，剩余 30% 则分配给建筑、道路和植被的布局。苏州的狮子林便是这一设计比例思想的体现，其水体面积与园林总面积的比例与计成提倡的比例相吻合。

在园林中，水体与植物的搭配同样不容忽视，它关乎园林的整体视觉效果和情感表达。水生植物的分布与种植，需要细致地控制与规划，以维持水景的自然美感和视觉平衡。苏州拙政园中的荷花池就是一个典型例子，其中的荷花通过瓷盆种植的方式，巧妙地控制了生长范围，保证了水域与植被之间的比例。

此外，也应重视水体与周围建筑的比例关系。在小型水体附近配置过大的建筑，会产生压迫感，削弱园林的宽敞感。适当的比例关系能够增强园林的自然美感和空间深度，为游客提供更为贴近自然的园林体验。通过精细的比例把控，能使园林显现出其独特的艺术魅力和文化价值。

第五节　传统园林理水向适水发展转变

一、先秦时期的理水之道

先秦时期的园林理水之道，可追溯至奴隶社会后期的商末周初。这一时期，园林形式以“囿”和“台”为主。据《周礼·地官·囿人》记载，囿（狩猎园）起源于狩猎，具有栽培、圈养、望天等功能，而台则是以土堆筑起的方形高台，最初用于观测天象。

此时期的园圃作为园林的第三个源头，多用于栽植果木。春秋战国时期，随着城市商品经济的发展，种植观赏性植物得到推广，园圃内的植物配置逐渐趋向有序化。

商、周时期的贵族园林，虽未完全具备皇家园林的性质，但已具备皇家园林的一些特征。如文献中记载的商纣王的“沙丘苑台”和周文王的“灵囿、灵台、灵沼”，后者尤为重要，代表了人工挖掘水体与土方结合的园林初步形态。灵沼不仅供观赏、养鱼，还用以灌溉植被，后世园林的一些理水手法即源于此。

东周时期，一些诸侯国君修建的宫苑更显豪华，游赏功能日益凸显，如楚国的章华台和吴国的姑苏台。园林水体的开凿既能满足交通供水需求，又能为水上游乐场所提供水源。这时期的园林理水，不仅是满足实用需求，也开始融入审美观念，开启了园林水景的新篇章。

二、秦汉时期的理水之道

秦汉时期，随着封建制度的确立，园林理水的风格和技巧也发生了显著变化，尤其是皇家园林的兴起，为园林理水开创了新的方向。秦始皇在园林中挖池筑岛，以模仿海上仙山，创造出“兰池宫”，这是历史上记载的第一个园林筑山和理水并举的实例。《元和郡县图志》（江沛等，2021）与《历代宅京记·关中一》（顾炎武，1984）等文献记载了“兰池宫”的详细情况，说明秦始皇将园林视为追求仙境的空间。

在秦汉时期，水中小岛的园林理水形式成为一种新的趋势。这一时期的皇家园林，如西汉的上林苑、未央宫、建章宫等，均在园林设计上取得了显著成就。特别是上林苑，其水域广阔，苑中的昆明湖和影娥池等兼具多种功能，如水军训练、水上游览、渔业生产等。未央宫是第一个有完整水系的园林，其沧池的设计反映了挖池筑台的理水手法，直接影响了建章宫的“一池三山”规划。

东汉时期的皇家园林虽规模较小，但其园林的游赏功能显著提升。洛阳的完整水系为园林理水提供了便利条件，促进了园林理水的发展。同时，东汉的科学技术进步也促进了理水技术的发展，如西园中铜龙吐水、铜仙人卸杯等装置的应用，展现了当时理水技术的创新与发展。

总体来看，秦汉时期的园林理水，不仅是为了实用和审美，更是统治者追求仙境愿望的体现，这一时期的园林理水手法和设计思想对后世产生了深远影响，尤其是“一池三山”的布局成为后世皇家园林的主要模式。

三、魏晋南北朝时期的理水之道

魏晋南北朝时期，中国社会经历了深刻的变革，这一时期的园林艺术也随之发生了显著的改变。这一时期的园林不再局限于皇家园林的奢华与寓意，而是更多地转向追求物质与精神的双重享受，园林成为人们寄托情感、体验自然美的空间。

秦汉时期流行的“一池三山”布局模式在魏晋南北朝时期得到了进一步的发展与创新。北齐后主高纬建造的仙都苑就是这一时期的代表作。仙都苑不仅规模宏大，而且在总体布局上极富象征意义，以五座山代表五岳，引漳河之水分流为四海，构建出宏伟的园林景观。这种布局体现了园林艺术在象征手法上的深化与发展。

同时，社会动荡不安的局面促使隐逸思想在文人士大夫阶层中广泛传播，园林成为他们寄情山水、追求自然美的场所。园林理水的技巧日趋成熟，园林内的水体变得更加丰富多样。文人士大夫阶层的积极参与，使园林艺术的创作手法从着重写实转变为写实与写意相结合，园林成为他们归隐田园的精神寄托和象征。

魏晋南北朝时期的刘勔在钟岭南部造园，其聚石蓄水的做法是最早见于文献记载的用块石堆筑水池驳岸的实例。这种园林设计不仅展现了水景的美感，也体现了园林与自然融合的理念。魏晋南北朝时期的园林理水在历史上占据重要地位，不仅影响了后世私家园林特别是文人园林的建造，而且为园林艺术的发展奠定了坚实的基础。

四、隋唐时期的理水之道

隋唐时期是中国园林艺术发展的全盛时期。隋唐时期的城市供水系统的完善，为城市内的园林建设提供了充足的水源，使得园林的理水工艺更加丰富多彩。这一时期，活水的引入成为一种常见的理水手法，城郊的别墅园林多依河而建，城市内的宅院也重视引入活水。园林内部的水体设计变得更加细致，池、潭、瀑、涧等多样化的水景设置，创造出动态美感。

在皇家园林领域，西苑、华清宫、九成宫等园林是隋唐时期的标志性园林作品。西苑以北海为核心，海中设有蓬莱、方丈、瀛洲三岛，东侧有曲水池，南侧有 5 个较小的湖泊。九成宫则以杜河北岸为核心，利用自然地形和河流，创造出宏大的西海水域和壮观的瀑布景观。

与此同时，隋唐时期的私家园林发展迅速，艺术水平显著提升。私家园林开始融入诗画情趣，通过细致的景物设置，追求天然山水的缩影和“以小见大”的意境。洛阳城内的私家园林，得益于伊、洛两河的水源，水景成为其胜景之一。例如，丞相牛僧孺的归仁宅园引入活水，创造出别具一格的“滩”景。

此外，公共园林也在隋唐时期开始形成，多数园林位于水渠转折的两岸，以水景为主要游览内容。曲江池便是这一时期著名的公共园林之一。隋唐时期的园林理水艺术，不仅在皇家园林中得以发扬光大，也在私家园林和公共园林中广泛流行，推动了中国园林艺术的整体发展。

五、宋代、清代的理水之道

在宋代、清代，中国传统园林艺术在精细化和内在挖掘方面进一步深化。两宋时期，文化艺术的发展趋向于更加精致与细腻的内在，园林艺术也随之进入了成熟的阶段，传统园林发展进入高潮期。在这一时期，园林理水的技巧已能精准地模拟大自然中的各种水体形象，与各类山体相结合，构成园林地貌的骨架。

宋代的皇家园林，虽然规模和气魄不及隋唐，但在规划设计上更为精细，更加接近私家园林的风格。例如，艮岳虽规模不大，但在造园艺术方面成就卓著，具有划时代的意义。艮岳在园林布局上呈现出“左山右水”的格局，水体与山体的和谐配置，展现了天然山水地貌的和谐共生之美。

宋代私家园林的造园活动也十分突出，如富郑山庄、环溪等，均展现了精细的水体布局和自然的园林环境。富郑山庄巧妙地利用活水和土山，通过精心的设计，使两者相得益彰。环溪则以其独特的水池布局和建筑配置吸引人们的目光，展现了水环绕大洲的独特局面。

清代，是中国传统园林发展的后期，园林艺术呈现出独特的风格与特征。在这一时期，清代的理学思想强化了上下等级、纲常伦理的道德规范，影响了皇家园林的设计和建造。清代皇家园林在规模上趋向宏大，强调皇家气派，其中畅春园是典型代表。

畅春园，作为清朝三大离宫之一，反映了清代宫廷园林的艺术水平和特色。整个园林占地约 60 公顷，分为宫廷区和苑林区，后者主要是以水面为主体的水景园。园内水域通过岛堤划分为前湖和后湖，建筑物依地势布局，形式多样。水系由万泉庄的水引入园内，形成了完整的循环水系。

与此同时，江南私家园林的发展在清代达到了顶峰，代表了中国风景式园林艺术的最高水平。扬州的影园是其中的佼佼者，它以水池为中心，营造出湖中有岛、岛中有池的独特格局。园内通过土石堆筑假山与园外远近山水巧妙地结合，构成园内和园外一体的水景。

北京作为元、明、清三朝的首都，其私家园林展现出与江南不同的风格和特色。这些园林多由官僚、贵族和文人所建，既有保持士流园林传统特色的，也有展现显赫、贵族华丽风格的。勺园是明末清初北方最著名的私家园林之一，其总体规划重在水景，利用堤、桥分隔水面，形成独特的水域布局。

总的来说，清代的园林理水艺术在宏大的皇家园林和精致的私家园林中均有所体现，不仅反映了当时的社会文化背景，也展现了园林艺术的多样性和深邃性。

六、中国传统理水走向适水发展

在中国封建社会，园林最初主要是皇家及社会上层人士的专属空间，象征着他们的社会地位、权力与经济实力。然而，随着社会的演进和发展，园林的角色逐渐发生转变，它开始逐步演化为更广泛意义上的公共空间，即大众园林。

进入现代社会，科技的飞速发展为园林理水带来了革新。新的技术手段和材料的使用，使得现代园林理水突破了传统材料和技术的限制，实现了在规模和表现形式上的自由与多样。现代水景设计不仅展现了水的多种形态和声响，还极大地改善了城市微气候，改善了城市环境。园林成为城市居民观赏和游憩的重要场所。

虽然现代园林理水在形式上超越了传统园林理水，但这并不意味着传统园林理水的价值被削弱。事实上，传统园林中体现的尊重自然、因地制宜、天人合一等的思想，已经成为现代园林设计的重要灵感来源。在现代园林设计中，常见的做法是将传统园林理水的元素巧妙地融入其中，创造出既有现代特色又带有传统韵味的水景。这要求园林设计师不仅要深刻理解传统文化，还需要熟练运用现代设计手法。通过传统与现代的结合，既显得理性，也更具挑战性。从传统园林理水走向适水发展的过程，是一个融合传统精髓与现代创新的过程。它不仅是技术和材料的革新，更是文化和审美观念的交融，展现了中国园林艺术与时俱进的生命力。

（一）对传统园林理水艺术手法的传承

历经 3000 余年的沉淀与演变，传统园林理水艺术已形成了一套独具特色的设计理念和技巧。这些理念和技巧不仅是中国传统文化的重要组成部分，而且对现代园林设计仍具有深远的影响和启发。

传统园林理水的核心在于对自然水体的模拟与再现，追求的是水景与自然环境的和谐统一。在现代园林水景设计中，对水景的布局、空间比例、造型形式和具体的设计手法等方面，仍然需要运用传统园林理水艺术手法。现代园林设计师在进行水景设计时，通常会以自然水体的形态为原型进行创作，如何将传统理水的精华与现代设计元素相结合，成了设计师面临的一大挑战。

在传统园林理水中，水体的布局注重因地制宜，追求与周围环境的自然融合，水体的形态多样，既有波澜壮阔的大湖、大海，也有细流潺潺的小溪、小河，呈现出水的动静相宜之美。这些传统理水手法在现代园林设计中依然具有重要的参考价值。

此外，传统园林理水艺术中蕴含着丰富的哲学思想和审美观念，如“天人合一”的理念，强调人与自然和谐共生。现代园林设计在追求视觉美感和功能实用的同时，更应深入挖掘并传承这些传统理念，使现代园林不仅给人是视觉上的享受，更给人心灵上的抚慰。

综上所述，传统园林理水艺术不仅是中国古代园林艺术的宝贵遗产，而且在现代园林设计中仍发挥着重要的作用。对传统理水艺术的继承与发扬，可以使现代园林设计在展现自然之美的同时，更加深入地反映人文精神和文化内涵。

（二）对传统园林理水艺术内涵的传承

中国传统园林理水艺术，作为中华文化瑰宝的重要组成部分，其艺术内涵的传承与发展至关重要。传统园林理水艺术不仅是简单的水体布局，它更是融合了深刻的哲学思想、文化内涵和情感寄托。在古代园林设计中，水景的营造往往承载着设计师的情感和对自然的理解，映射出中国文化独有的民族性和文化特征。

在中国传统理水艺术中，水不仅是景观的组成元素，更是园林艺术表达的重要媒介。园林中的水体，无论是湖泊、溪流，还是池塘、潭渊，都承载着丰富的象征意义，如水的流动象征生命的延续和变化，水的静谧象征心灵的平静和深远。古代园林理水不仅注重水体的自然美感，更注重水与周围的环境、建筑、植物的和谐相融，追求天人合一的理想境界。

因此，在传承与发展传统园林理水艺术时，应当深入理解和感悟其艺术内涵，将传统园林理水的精神与现代设计手法相结合。在现代园林设计中，应用现代材料和技术手段，创造出既符合现代审美，又不失传统韵味的水景。同时，还应注重水景设计与周围环境的协调，让水景成为连接自然与人文的桥梁，使现代园林在展现自然之美的同时，更加深入地反映中华传统文化的精神内核。

总而言之，对传统园林理水艺术的传承与发展，需要在尊重传统的基础上，结合现代设计理念和技术，创造出既具有时代特色，又不失传统文化韵味的新型水景，从而使传统园林理水艺术焕发新的生命力。

（三）从传统园林理水走向适水的现代应用

传统园林理水，秉承着模仿自然、追求天人合一的设计理念，力图在有限的空间中创造出宛若天成的水景。然而，在面向现代的转型过程中，对于这一古老艺术的继承与发展，不能仅停留在表面的模仿或简单的复古上。这一转型过程应是一个包含批判继承和创新改造的过程，不仅要深入挖掘和保留传统理水的精髓，同时也要剔除那些不适应现代社会发展的因素。

在现代园林理水的应用中，传统的理水艺术应与现代社会的发展特征和需求相结合。这意味着在保持传统水景特色的同时，还要考虑现代人的生活方式、城市布局、生态环境等多方面因素。

此外，现代园林理水还应融入更多的创新元素，使用现代材料和技术，创造出具有时代特色的新型水景。这些水景既能展示传统理水的精神内核，又符合现代社会的审美和功能需求。例如，可以将传统的山水元素与现代建筑、景观艺术相结合，创造出既有传统韵味又充满现代感的园林空间。

1. 空间尺度的现代感

在中国传统园林理水艺术的演进过程中，我们可以看到一种精妙绝伦的空间处理手法，即通过对小空间的巧妙运用，创造出广阔的山水景观。这种艺术手法在现代园林设计中，面临着新的挑战和机遇。传统园林理水艺术的核心在于其能够在有限的空间内营造出一种宁静而深远的自然氛围，通过精心设计的水体与周围的植物、建筑、山石等元素相协调，创造出一种“天人合一”的和谐之美。然而，在现代城市的空间背景下，这种传统理水的艺术手法需要适当地调整和转变。

现代城市的空间尺度远远大于传统园林。传统园林中的精致与小巧，在现代城市中可能显得略微局促，无法满足现代城市空间的需求。因此，现代水景设计在尊重传统理水艺术的基础上，需要考虑扩展其空间尺度，以适应现代城市的空间格局。这意味着在设计时不仅要考虑微观的细节美，还要考虑到整体的空间效果，使之既能体现传统园林的精妙，又能适应现代城市空间的大尺度。

现代园林设计还需要考虑现代人的游赏方式。与传统园林主要依靠步行游赏不同，现代园林中的游赏方式更加多样，包括自行车、汽车等代步工具。这就要求园林设计师在设计水景时，不仅要考虑步行时的观赏效果，还要考虑在不同速度、不同交通工具上的观赏需求。设计师可以从不同的视角、不同的速度设计观赏水景的效果，使水景在不同的观赏方式下都能展现出其独特的魅力。

总之，现代园林理水的设计，在继承传统园林理水艺术的基础上，应更加注重空间尺度的现代感和多样化的游赏方式。

2. 工艺技术的改进

随着现代科技的飞速发展，景观设计领域迎来了前所未有的变革。现代水景设计，尤其是在我国，已经不再受限于传统工艺和材料，而是开始大量采用新技术和新材料，致力于创造出既具现代感又不失传统韵味的水体景观。这种设计变革提升了园林水景的美感和功能性，使其更加符合人们的生活需求和审美观念。

在传统园林理水的基础上，现代水景设计通过引入先进的技术手段，如数字化控制系统、环保循环水处理技术、自动灌溉系统等，显著提高了水体景观的管理和维护效率。例如，北京奥林匹克森林公园的设计便体现了这一理念。在该公园的规划设计中，设计师不仅着眼于美观，更重视生态环境的可持续发展。通过采用先进的技术手段，实现了水系的综合循环利用，这不仅保持了水体的清洁和生态平衡，还大大节约了资源。

此外，现代水景设计还注重创新工艺的应用，比如动态水景的塑造、水位自动调节技术等，这些技术的应用使得水体景观更加生动有趣，充满变化。通过这些高科技手段，水景不再是静态的展示，而是变成了充满活力、能够与人互动的生态艺术品。

3. 人性化的水景设计

在现代园林水景设计中，人性化设计理念越发显得重要。传统园林，包括皇家园林与私家园林，在设计时更多考虑的是特定阶层的审美和享受需求，而现代园林设计则转向服务于广大民众的方向。这种转变不仅在设计理念上有所体现，在实际的设计应用中也得以落实。

在传统园林中，水景设计往往以模拟自然山水为主，旨在创造一种远离尘世的闲适环境。然而，在现代城市中，水景设计更多地关注公共空间的功能性和普适性。设计师不仅要考虑水景的美观和谐，还需考虑如何使其成为市民日常生活的一部分、如何与城市的其他功能区域相协调，以及如何在提升城市环境品质的同时，为市民提供亲水、休闲的空间。

现代水景设计更强调人的参与和体验。这意味着设计不仅是为了观赏，更重要的是要让人们能够亲近水体，体验水的清凉、流动。例如，设计中增加可以步入水中的浅滩区域，设置亲水平台，或是设计可以供人们停留和休息的水边空间。这些设计旨在满足人们在繁忙城市生活中寻求休闲放松的需求，让水景成为人们生活的一部分，而不仅是远观的对象。

此外，现代水景设计还注重科技与艺术的结合，利用现代科技手段，如灯光效果、声音效果等，增强水景的互动性和体验感。这种设计方法不仅增加了水景的趣味性，还提高了其在城市生态系统中的功能性。

4. 可持续发展的水景设计理念

在现代园林设计中，水景设计理念日益注重生态的可持续发展，与传统园林理水的“师法自然”相辅相成。在传统园林设计中，水体景观的设计主要围绕观赏性展开，然而在现代设计中，可持续性、生态性成为水景设计的核心要素。

现代水景设计不仅追求景观效果的美观和谐，更加强调水体的生态功能和自净能力。园林设计师在规划时，更注重水体与周围环境的生态平衡，采用可持续的水资源管理和利用策略，实现水资源的循环再利用。例如，城市公园中的水体，不仅提供了美丽的景观，更是城市雨水收集和自然净化的重要组成部分。

此外，现代水景设计还要充分考虑与周边绿地的协调性，通过水景与绿地的相互作用，达到改善微气候、增加生物多样性、提高城市生态质量的目的。通过这种设计，水景不仅为市民提供了休闲娱乐的场所，更成为城市生态系统的重要组成部分，对环境的破坏具有一定的补偿作用。

总体而言，从传统园林理水走向适水发展的过程，体现了现代园林设计在传承传统的基础上，对生态可持续性的重视。这种设计理念的转变，不仅是对传统园林理水艺术的传承，更是对现代园林文化的一种拓展。在这一过程中，现代水景设计在提升城市景观、改善生态环境和提升人们生活品质等方面发挥着至关重要的作用。

七、从园林理水走向适水发展的启示

（一）尊重自然，倡导生态化理水

在现代水景观设计中，应尊重自然规律，减少对自然环境的破坏。通过生态化理水手段，实现水景观与自然环境的和谐共生。例如，在城市公园的水体设计中，应尽量保持水体的自然状态，避免过度的人工干预和破坏生态环境。同时可以运用生态工程技术（如湿地修复技术）来改善水质和生态环境。

（二）注重功能与形式的统一

在适水发展过程中不仅要注重水体的观赏价值，还要关注其功能性和生态性。通过合理规划实现功能与形式的统一，例如，在城市滨河公园，将亲水平台与生态湿地相结合，既满足了人们亲水的需求，又实现了生态保护的目的。同时可以在滨河公园中设置游船码头和观景台等设施以满足人们的休闲娱乐需求和观赏美景的需求，使功能与形式得到完美的统一。

（三）突出文化特色，提升景观内涵

在现代水景观设计中应充分挖掘地方文化资源，突出文化特色。通过文化元素的植入和表现方式的创新提升景观内涵。例如，可以在城市公园中设置文化长廊展示当地的历史文化和民俗风情，也可以在水景雕塑中融入有地方特色的文化元素以突出地方特色和文化内涵，使游客在欣赏美景的同时也能感受到当地的文化魅力。

八、适水发展在现代滨水景观设计中的应用价值和实践意义

适水发展是指在水资源开发、保护和利用过程中，注重生态环境的保护和可持续发展。因此，在现代滨水景观设计中，将适水发展理念融入景观设计中具有

重要的应用价值和实践意义。

（一）应用价值

（1）提升滨水景观的艺术感染力。通过运用生态学原理和方法，适水发展将水与自然环境、人文景观有机融合，使滨水景观成为城市生态系统的重要组成部分。这不仅丰富了滨水景观的内涵，还提升了滨水景观的艺术感染力，使人们能够更好地欣赏和感受水的魅力。

（2）增强滨水景观的科学合理性。适水发展运用科学的理论和方法，对水资源进行合理配置和高效利用，确保滨水景观的安全性。同时，适水发展还注重水的生态功能和环境修复功能，使滨水景观成为城市生态环境的“净化器”和“调节器”。这不仅增强了滨水景观的科学合理性，还有利于城市的可持续发展。

（二）实践意义

（1）弘扬生态文明理念。在现代滨水景观设计中，运用适水发展理念可以弘扬生态文明理念，推动绿色发展和低碳生活方式的形成。这有利于增强公众的环保意识，提高公众的生态素养，促进生态文明建设。

（2）推动城市可持续发展。通过合理配置和高效利用水资源，可以保护和修复生态系统，提升城市生态环境的品质和稳定性。同时，适水发展还注重发挥滨水景观的休闲、娱乐和旅游功能，为城市经济发展提供新的动力和支撑。这有利于实现经济、社会和环境的协调发展，推动城市的可持续发展。

（3）创新城市规划建设模式。适水发展理念的应用，为城市规划建设提供了新的思路和方法。在城市规划中，应充分考虑自然生态系统的保护和修复，将水与城市发展紧密结合。通过创新城市规划建设模式，可以实现城市的绿色发展和生态转型。这有利于提高城市居民的生活品质和幸福感，促进城市的可持续发展。

总之，适水发展在现代滨水景观设计中具有广泛的应用价值和重要的实践意义。因此，我们应该积极探索适水发展在现代滨水景观设计中的应用途径和方法，为实现城市的可持续发展作出贡献。

第三章　生态之美——基于生态修复理念下的城市滨水景观设计

本章致力于探索在生态修复理念指导下的城市滨水景观设计，着重强调在城市演进过程中，对生态保护、可持续发展和与自然环境和谐共生的重视。生态修复理念推崇人与自然环境的和谐共生，在塑造城市滨水区时，运用生态修复理念有助于推动城市的持久发展，保护自然生态系统，并提升市民的生活品质。本章为城市规划专家与设计师提供了在城市滨水景观设计中融入生态修复理念的设计准则和实践方法。借助案例剖析，展示了生态修复理念在城市滨水景观设计中的具体操作。

第一节　生态修复概述

一、生态修复的释义

生态修复理念是一种强调人与自然和谐共存与可持续发展的思想。它主张以生态为基础，致力于保护和改善生态环境，实现人类活动与自然环境之间的平衡。以下是生态修复理念的几个核心要点。

（1）生态为本。生态修复理念的首要原则是尊重自然、顺应自然，不以牺牲生态环境为代价来追求人类的发展和进步。它强调人类活动应与自然环境相协调，尽量减少对生态环境的负面影响。

（2）环境改善。生态修复理念的目标是维护和恢复生态环境的健康，提升人类的生活环境品质，包括降低污染、保护生物多样性、应对气候变化等，通过科技和政策手段推动绿色低碳的生活方式，以确保可持续发展的实现。

（3）生态平衡与可持续发展。生态修复理念追求生态平衡和可持续发展。它倡导在自然资源利用中寻求平衡，避免过度开发，以保持生态系统的稳定性和持久性。同时，它强调发展模式应满足现代需求，且不会危及未来人们的生存和发展。

（4）伦理与法治。生态修复理念还蕴含着深厚的生态伦理观，倡导人类应尊重和保护自然，以及关爱整个生态环境。同时，它也呼吁建立严格的生态法治体系，通过法律的力量来有效保护生态环境，预防任何形式的环境污染和生态破坏。

综上所述，生态修复理念强调以生态为本，致力于环境的改善与保护，秉持生态平衡和可持续发展的原则，并倡导生态伦理与法治的保障。这一理念体现了人类文明发展的新方向，是推动人类社会与自然和谐共存的重要思想基础。

二、生态修复理念对城市滨水景观设计的启示

生态修复理念的广泛应用，为城市滨水景观设计带来了深刻的启示。在全球化的背景下，生态修复的重要性日益凸显，它不仅关乎一个地区或国家的生态环境，更与全球性的环境保护紧密相连。

生态修复理念的推广和实践在全球环境保护中具有重大意义。随着全球化的加速，各地的生态环境问题已不再是孤立的问题，而是相互影响、相互关联的问题。中国作为世界上人口最多的国家之一，其生态环境状况对全球环境有着重要影响。因此，积极践行生态修复理念，不仅有助于改善国内的生态环境，还能为全球环境保护贡献力量。

生态修复理念强调资源的节约利用和生态环境的恢复与保护。在城市滨水景观设计中，应充分考虑水资源的合理利用，避免浪费，并通过生态修复技术恢复受损的水域生态系统。这不仅能够提升城市滨水景观的生态环境质量，还能为城市居民提供更加宜居的生活环境。

在具体实践中，生态修复理念的应用也为城市滨水景观设计提供了明确的方向。通过采用生态友好的材料和技术，结合滨水区的自然特征，可以创造出既美观又生态的滨水景观。同时，注重保护滨水区的生物多样性，为水体中的生物提供适宜的生存环境，也是生态修复理念在城市滨水景观设计中的重要体现。

这些启示告诉人们，在城市滨水景观设计中，应始终贯彻生态修复理念，注重资源的节约利用、生态环境的恢复与保护和生物多样性的维护。通过这些努力，可以创造出更加美丽、宜居且可持续的城市滨水空间，为全球环境保护贡献力量。

三、生态修复理念的推广应用

（一）全面推广生态修复理念，提升公众环保意识

在现阶段，生态修复理念为城市滨水景观设计带来了深刻的启示。其中，积极宣传教育和培养公众的生态修复意识，成为深化和推广生态修复理念的关键步

骤。生态修复需要社会每个成员都参与其中，每个人都扮演着不可或缺的角色。保护和恢复生态环境，不仅是政府和专业人士的职责，也是每个公民应尽的责任。因此，我们必须在全社会范围内树立起尊重自然、顺应自然、保护自然的生态修复理念，将其作为推进生态修复实践的首要任务。为了实现这一目标，需要利用多元化的媒体渠道，增强对生态修复重要性的宣传教育，通过展示成功的生态修复案例及其显著效果，来不断扩大公众对生态修复的认知和理解，进而提升环保意识。

（二）构建实施策略和机制，有效推进生态修复实践

在实施策略和机制的构建方面，需要聚焦于如何有效地推进生态修复实践。这一实践对于促进社会经济发展、增强环境保护、提升民众的生活质量，以及保障后代的福祉都具有重要的意义。市场机制的引入可以为城市滨水景观设计提供资源高效利用和环境保护方面的指导。例如，通过设立环境教育中心、观光和休闲设施，并实施节能减排措施，滨水区可以被打造成宣传生态修复理念和展示实践成果的典范。

（三）强化社会各界的合作与参与，共同推动生态修复

在现阶段的生态修复实践中，强化社会参与显得尤为重要。这主要体现在如何更有效地整合社会力量，共同推进生态环境的保护与恢复工作。加强生态环境教育在生态修复实践中占据着举足轻重的地位。设计师可以巧妙地将环境教育元素融入景观设计中，如通过设置富有教育意义的小径、信息展示板和互动教学设施等，以提升公众对生态问题的认知和理解。此外，民间环保组织在推动生态、修复实践中发挥着重要作用。应积极寻求与这些组织的合作机会，充分利用其专业资源和优势，进行项目推广和社区共建活动。加强社会各界的广泛合作与协同努力对于推动生态、修复实践至关重要，应寻求与政府、企业、教育机构及社区居民等多方利益相关者的深度合作，共同推动生态、修复实践中发挥着重要的作用。

第二节　生态修复理念与城市滨水区规划

一、城市滨水区面临的生态问题

在中国，城市化的飞速发展带来了城市经济的繁荣，但同时也引发了一系列

生态环境问题，尤其是在城市滨水区。由于过分重视经济效益，许多城市滨水区的建设和开发项目忽略了对自然环境的长期影响，导致生态环境受损。这种现象反映了在城市滨水区规划和开发过程中缺乏跨学科、多维度的综合考虑。中国城市滨水区所面临的三大生态问题如下。

（一）自然资源利用方面的生态问题

在中国城市快速发展的当下，城市滨水区面临着严重的生态挑战。这些挑战主要表现在对自然资源的利用方面，尤其是在城市水域的规划与开发中，常常忽视了河流的自然特性和独特景观，以下几点问题尤为突出。

（1）城市的用水需求增长导致了水资源的枯竭和河道的退化。不合理的城市规划行为，如滥用和占用河流空间、未处理的污水直接排放入河，以及河流垃圾堆积等，造成了城市水系的破碎化。例如，有些城市因为水质污染和土地利用压力，随意改变河流走向或填埋河道，造成水系的片段化。历史名城苏州就是一个典型案例，其古代丰富的河道系统如今已大量消失，城市的传统水乡特色面临着丧失的危险。

（2）防洪需求导致的生态功能失衡也是一个主要问题。为了防洪常常采取直接干预河道的措施，如河道矫正、河床加深和河岸加固等，这些措施破坏了城市河流的自然生态系统，改变了河流的自然形态和水文特性。例如，大量使用混凝土等硬质材料加固河岸，削弱了河岸的自然调节功能，增加了下游的洪水风险。这些做法导致原本水生的河岸植被逐渐向中生和旱生转变，从而破坏了生态平衡。

（3）大量引入外来植物种类，破坏了本土河岸植被群落的稳定性。这些外来物种可能会排挤本土植被，破坏滨水区的生态平衡。

因此，针对城市滨水区的生态问题，应当更加重视生态保护与恢复，合理规划城市水域，保护和恢复河流的自然状态和生态功能（周科，2017）。

（二）经济开发建设方面的生态问题

在当今社会，随着城市化的快速推进和经济的飞速发展，城市滨水区作为自然与城市交汇的重要空间，其开发建设活动愈发重要。然而，在这一过程中，滨水区的自然生态面临严峻的挑战。

首先，城市滨水区的开发往往过度强调建设密度和强度，这对当地的自然生态构成了巨大威胁。城市化的进程中，滨水区常常被视为城市发展的重点区域，导致大量建筑物紧密围绕水体而建，不仅影响了城市空气流通，加剧了城市污染和热岛效应，还压缩了原有的绿地空间。这样，原本富有生态价值的滨水区变成了人造环境，生态连续性和生物多样性遭到了破坏。这种开发模式与生态修复理念中强调的人与自然和谐共生的原则背道而驰，反映了城市规划中生态环境保护的缺失。

其次，城市滨水区的非生态化工程建设也引发了一系列生态问题。例如，大量不透水表面的增加和快速排水系统的建设导致了河水水量的快速变化和洪峰规模的增加，进而影响了河流的自然调蓄能力。此外，无序开发、填埋和改道等行为严重破坏了滨水资源，导致地表径流量增加、洪涝灾害加剧和湿地功能退化。这些问题突出反映了城市开发中对自然生态的轻视，忽视了生态修复理念提倡的自然生态保护和恢复。

最后，城市滨水区的经济开发功能过于单一，环境污染防治措施不足，导致其生态经济效益较差。多数滨水区被传统产业占据，工业和生活污水未经处理直接排放，造成了水质恶化和水资源紧张。同时，由于对开发效益的追求，滨水区往往被开发为非公共建筑，限制了公众对滨水资源的接触和利用，降低了滨水区的生态经济效益。这种现象表明在城市滨水区开发过程中缺乏对生态修复理念的融入和实践。

综上所述，城市滨水区在经济开发建设方面存在诸多问题，这些问题不仅破坏了自然生态，也违背了生态修复的基本理念。因此，为了实现城市滨水区的可持续发展，必须重新审视其开发模式，强调生态保护和恢复，以及多元化的经济开发策略，从而实现人与自然的和谐共生。

（三）社会人文构建方面的生态问题

在社会人文构建方面的问题主要体现在以下两个方面。

（1）缺乏与本土文化的融合。在我国许多城市滨水区的改造项目中，往往因为急于求成而缺乏深入的总体规划和整体设计理念。这导致改造主题不明确，以及在选择改造模式时存在盲目性。在追求现代化的过程中，很多时候没有充分考虑本土文化和地方特色，导致改造风格单一，空间缺乏多样性。这不仅使城市空间失去了独特性和辨识度，也影响了地方文化与现代化的有机结合。

（2）忽视地域历史脉络。城市滨水区通常承载着悠久的历史和丰富的文化遗产。然而，在一些改造项目中，对于极具价值的历史文化遗产，如古建筑、历史遗迹等，常常选择拆除而非进行修复和保护。这种做法不仅导致宝贵的历史资料和文化遗产流失，而且在新的改造中未能与原有的历史文脉相融合。这种对历史遗迹和文化传承的忽视，破坏了滨水区的原有特色和景观，同时对城市的整体空间布局也产生了不利影响。

为了在城市滨水区改造中更好地融入生态修复理念，需要重视并保护地方特色和历史文化遗产，同时结合现代化的改造手法，为城市滨水区注入新的活力。

二、融合生态修复理念的城市滨水区规划

在城市滨水区规划中，生态修复理念的应用主要体现在以下两个核心方面。

（1）保护和尊重城市滨水区的自然形态与环境特色。这一原则指导我们在规划和设计城市滨水区时，须遵循生态学的原则，保留其原有的生态特征。具体实践包括模拟自然水域的岸线设计，采用天然材料，营造富有自然韵味的环境，保护生物多样性，增加景观的多元性和特色，强调自然循环的重要性，以及构建城市生态走廊，从而促进城市滨水区的可持续发展。

（2）恢复与加强滨水区内自然元素间的相互作用与连接。这一目标意在通过重建城市滨水区的自然过程，强化生态系统的稳定性和自我维持能力，降低人力维护成本，为生物多样性奠定基础。城市滨水区的自然过程涵盖生物和非生物过程，如植物的生长、有机物的分解、养分的循环、水生生物的自净功能、生物群落的演替、物种的迁徙和扩散，以及风、水、土壤的自然流动等。

综上所述，基于生态修复理念的城市滨水区规划应着重于自然环境的保护和生态系统的恢复，通过全面考虑自然和社会因素，打造一个既具美感又具备生态功能的滨水环境，实现人与自然的和谐共生。

三、城市滨水区的自然生态修复规划策略

（一）水资源的保护与修复

城市滨水区的水质维护是生态修复工作的核心，也是确保城市滨水区可持续发展的关键。因此，在规划中需要采取综合措施来保持和提升水体质量。

（1）结合结构保护和河道疏浚的策略。这意味着在规划时要尊重并保护现有的自然水网格局，避免对水系结构进行大规模改动，以维持生态环境的平衡，并减少极端气候事件的影响。同时，通过适度拓宽河道的某些部分，形成更宽阔的水面，这不仅能提升区域的防洪能力，还能提高水体的自净能力，进一步改善水质。

（2）防止污染与提升水体自净能力应双管齐下。实施严格的污染物排放控制，保护河流和湖泊的生态系统免受过量污染物的破坏。此外，根据不同水体的功能需求实施分区保护，设定相应的水污染控制标准和保护目标。同时，合理利用河流的自净能力。

（二）自然岸线的保护与修复

在城市滨水景观设计中，注重自然岸线的保护与修复是维持水域与陆地生态平衡的关键。自然岸线地貌多样，受长期水文作用影响，形成了与周边环境协调的自然景观。这些地形特征包括不规则的河岸线、多样的河床剖面等。此外，河岸植被及动植物种类也随不同河段的自然条件而变化。

进行城市滨水区规划时，应优先保护这些自然地貌，并在必要时进行生态修复，特别是针对已遭受破坏的部分。保护重点应包括河岸缓冲区、植被带、湿地等关键生态要素。对于未受损的自然岸线，更应保持其原始状态。

对于城市建设中不可避免的人工干预，建议采用生态驳岸设计，以延续自然生态系统的连续性。生态驳岸设计可分为自然型、仿自然型和人工自然型。这些方法旨在保持城市滨水区的生态完整性，同时满足城市发展需求。

（三）生物资源的保护与修复

在城市滨水区规划中，生物资源的保护与修复至关重要。核心是保持生物多样性，维护完整的食物链结构，确保动物迁徙通道和栖息地的安全，并重视各类植被的恢复和建设。

植被规划是城市滨水区生态修复的重要方面。应根据岸线的具体地理条件进行精细化设计，同时考虑河岸线的多样性。植被带的宽度需根据生态需求和地形条件调整，以有效发挥其生态功能。

在已建防洪堤的地区，应优先在河滨地带种植本土植物，以促进生态平衡。应尽可能利用本地物种和土壤条件，以保证植被的自然适应性和生态效益。对于未进行人工整治的河道区域，需重视保护现有自然生态体系，避免不必要的人为干预和破坏。这些措施旨在维护城市滨水区生物资源的多样性和促进生态系统的健康发展，实现人与自然的和谐共生。

四、城市滨水区的景观生态修复的规划策略

景观生态学，作为研究景观结构和功能关系的学科，对城市滨水景观设计具有深远的指导意义。它关注的核心要素有景观中的斑块、廊道和基质。在滨水区规划中，运用景观生态学的理念能帮助我们更深入地剖析景观结构与功能间的相互作用。这不仅有利于维护生物物种的动态平衡，为多生境物种提供必要的栖息地，而且能有效防止土地过度开发，调整现有的景观使用方式，从而影响未来的景观格局和功能发展。

（一）促进区域景观格局的融合

鉴于城市滨水区常处于自然与人类活动交汇的生态脆弱地带，既含自然元素，又受人类活动影响。因此，在规划时，应着重保护和维持自然景观的原始状态，同时强化滨水区与城市其他自然斑块的连接性，确保其与整个城市景观基质的有效融合。此策略不仅有助于提升城市的生态品质，还能促进人与自然的和谐共生。这样，可以实现城市滨水区的生态修复和持续发展，使其成为城市生态系统中不可或缺的一环。

（二）构建完整的水系廊道网络

该网络利用现有的河流、渠道和池塘，不仅加强了区域内的生态联系和物质能量的交换，而且为生物多样性的保护和野生动物的繁衍提供了有利条件。根据城市滨水区的自然生态特征，可以通过优化河道和河岸的整治方案，来提升该区域的环境质量和气候状况，从而确保滨水生态系统的可持续发展。

（三）强化各种景观斑块的连接

通过合理的规划与整合，将自然斑块、次生自然斑块和功能斑块与水系廊道相结合，能够使生态效益最大化。在规划中应考虑区域布局与水系的整体结构，通过水系廊道将不同的斑块相互连接，保持它们与水系之间的空间联系。这样的连贯性为生物提供了连续的生存环境，营造出一个自然生态和谐共存的景观。

（四）保护并利用农田以融入城市

随着城市的发展，农田逐渐融入城市空间，与城市绿地系统相结合，形成了城市绿色基质。这不仅改善了城市的生态环境，还为市民提供了农产品和休闲场所。因此，在规划设计中，应充分利用周边的绿地、水系、农田和生态公园等元素，构建多层次、多功能的生态绿地系统，打造美观而现代化的滨水景观。通过这些措施，可以有效地促进城市与自然的融合，实现城市的可持续发展。

五、城市滨水区的经济生态修复策略

城市的经济活动和代谢过程是城市发展的核心驱动力，同时也对滨水区的生态修复与开发产生深远影响。因此，在滨水区的开发中，既要推动经济增长，也要注重生态环境的修复，实现生态与经济的和谐共生与协同发展。在这一背景下，引入生态修复理念，旨在调控和优化滨水区的经济系统和生态系统，确保经济系统和生态系统高效、有序运行，从而促进滨水区生态经济结构的优化，实现生态经济的良性循环。

（一）自然资源利用与生态修复最优化

在实施经济生态修复策略时，自然资源的最优化利用和有效修复是重中之重。在城市滨水区规划中，主要采取以下策略。

（1）保护与修复。重点保护并修复不可再生资源，如湿地、自然水系和山林等，旨在恢复并维持滨水区的自然生态系统和生物多样性。

（2）减量与再利用。努力减少对新资源的消耗，通过先进技术提升资源利用效率。此外，积极再利用现有资源，如植被、土壤、砖石等，从而大幅节约新资源和降低能源的消耗。

（二）土地使用功能多样化与生态修复

过去，城市滨水区的土地使用往往偏向单一功能。现代城市滨水区应超越仅作为休闲娱乐功能，成为城市生活的延伸，同时融入生态修复理念，扩展自己的功能。为此，滨水区的土地使用规划应遵循以下要求。

（1）共性与修复。滨水区应向城市公众开放，成为城市公共空间的一部分，并在规划中融入生态修复的元素，提升其在城市空间中的公共化程度和生态价值。

（2）多样性与平衡。在城市滨水区规划中，应构建综合性的社区环境，实现土地使用功能的多样性和平衡，同时注重生态环境的保护与修复。

（3）延续性与融合。充分融合现有建筑、城市空间元素和自然景观，以形成城市滨水景观的连续性、完整性和生态性。

（4）多层次性与多元化。充分挖掘和利用滨水区自然景观的潜力，结合生态修复的理念，创造多元化的空间体验和生态环境。

（5）立体化与最大化。积极开发地下空间，以解决土地开发强度与生态平衡之间的矛盾，结合生态修复措施，实现空间利用的最大化和生态化。

（三）绿色交通体系与生态修复畅通化

考虑到交通对能源资源的消耗及环境污染问题，如尾气排放和噪声污染，滨水区的道路交通规划应以人为本，倡导步行、自行车和公共交通出行方式，减少私家车的使用，以降低对环境的负面影响。同时，在道路建设中融入生态修复的理念，满足景观美化、亲水性和通风的要求。

进一步的规划应采取分离过境交通与滨水区内部交通的策略，以简化交通结构并结合生态修复措施。具体措施包括：实施交通地下化或高架步道等立体交通措施减少城市交通对滨水区的干扰；建立完善的步行系统，通过多种形式的步行道连接广场、绿地等公共空间并融入生态元素；设立陆上和水上公共交通系统，推动绿色出行；实施人车共存的交通系统并结合生态修复措施提升环境质量；将小街区整合为更大的街区以优化空间布局和保护生态环境。通过这些措施滨水区不仅能够提升其生态环境质量，还能增强城市功能的多样性和连续性，实现生态与经济的双赢发展。

（四）防洪减灾措施生态化

防洪减灾措施的生态化至关重要。防洪减实不应单纯依赖人工排水系统的加强，而更应从滨水区的开发建设方式出发，采取生态化的手段尽可能地恢复和保持滨水区原有的排水和蓄水功能。这种方法的具体实施策略包括以下几点。

（1）重视用地条件分析。在滨水区的规划与建设前，应进行详细的用地条件分析，评估土地的自然排水和蓄水能力，从而确保开发活动不会损害这些生态功能。

（2）保护河流水系。应保护和恢复河流水系的自然状态，避免人为干预导致的水系破坏，以保持自然的水文循环和生态平衡。

（3）增加渗水用地面积。通过规划和建设更多的渗水地面，如渗水型铺装、绿地和湿地，可以有效增加地表水的渗透和蓄存，减少雨水径流，从而提高区域的防洪减灾能力。

六、城市滨水区的人文生态修复规划策略

在当代城市发展中，对于滨水空间的规划设计，不应仅限于其物理形态的构建，更应深入挖掘其在社会文化层面的深远意义。这一过程不仅体现了城市生活品质的提升，更是对城市历史文化脉络的传承与创新。在滨水空间规划中，需要深入理解并融合人文生态修复理念，将地区的文化传统与环境特征紧密结合，解析并重现历史文脉，确保设计方案在展示特色时，与地域环境在历史和空间维度上保持一致。

（一）重视对本土滨水文化的挖掘和传承中的生态修复

水源作为生命和城市发展的关键要素，其形成的独特文化与城市发展密切相关。在规划和设计中，应着眼于城市的历史传统，同时注重生态修复，保护和弘

扬这些独特的文化特征，并努力恢复和改善滨水区域的生态环境，创造出既充满地方特色又具有生态可持续性的滨水空间。

（二）注重对历史遗迹的保护、利用与生态修复

随着城市的发展，滨水区域积累了丰富的历史资源。在规划设计中，不仅要挖掘这些历史遗迹的文化内涵，还要关注其生态价值，通过生态修复手段，保护和恢复历史遗迹周边的生态环境，构建既展现历史文化韵味又具有现代生态功能的空间。

（三）传承民俗文化，活化物质景观与生态修复

民俗、民风是地方文化传承的关键。在滨水区域的规划设计中，应深入考察并尊重当地居民的生活习惯和风土人情，同时结合生态修复理念，将地方民俗文化元素融入滨水景观中，创造出既具有地方特色又能促进生态平衡的活力空间。

（四）注重乡土元素与自然景观的保护与修复

一个富有生命力和美感的滨水景观应包含丰富的乡土元素。在规划设计中，应尊重并保护这些乡土元素。通过运用生态修复手段，如植被恢复、水体净化等，将设计与当地的自然环境特征紧密结合，营造出既适应自然环境又具有乡土特色的生态滨水空间。

第三节　基于生态修复理念的城市滨水景观设计原则和设计规划

一、基于生态修复理念的城市滨水景观设计原则

（一）生态修复优先原则

生态修复优先原则强调在设计过程中，首先要考虑的是实施生态修复措施，以确保人与自然环境的和谐共生。

为了贯彻生态修复优先的原则，设计师应特别关注以下几个方面。

1. 水体修复与环境改善

设计师需采取有效措施来促进水体的修复，包括减少污染源、处理废弃物和污水，并提升水体的自我修复能力。同时，运用生态工程技术，例如引入具有净化作用的湿地植被，能有效地帮助水体恢复健康状态，提高整体环境质量。

2. 生态系统保护与修复

在滨水景观设计中，重点在于保护现有的生态系统并修复已受损的生态环境。这涉及保护和恢复湿地、河岸植被等自然要素，以维护生态系统的完整性。同时，应尽量减少对野生动植物生境的干扰，从而保护生物多样性。

3. 滨水环境整治规划

整治规划应充分利用城市水系的布局和周边地形特征，旨在打造与自然景观相融合的滨水环境。整治规划不仅关注美学效果，更注重功能性和可达性。设计应包含人行道、自行车道、观景平台等便利设施，使人们能更亲近水域，与自然环境有更深入的互动。

4. 可持续性实践

设计师在设计时需考虑节能、水资源的合理利用与循环，以及环保材料的选择。同时，整合可再生能源和绿色基础设施，如太阳能照明和雨水收集系统，这是实现可持续目标的关键。这些举措有助于减少对环境的负面影响，并推动城市资源的有效利用（周科，2017）。

（二）以人为本原则

以人为本原则强调设计应全面考虑人的需求，同时注重与生态环境的和谐共生。在滨水景观设计中，这不仅意味着为人们提供观赏的机会，还要确保人们能够参与各种活动，享受完善的服务设施，并体会到趣味性和便利性。更重要的是，设计需要兼顾不同群体的需求，在尊重和保护自然环境的前提下，确保所有人都能享受到滨水景观的独特魅力。

（三）尺度合理性原则

尺度合理性原则强调，在进行城市滨水景观设计时，应确保设计的规模和布局既满足公众的需求，又不对生态环境造成过度干扰。这要求在规划过程中充分考虑自然环境的承载能力和生态修复的需求，以便在提升景观美学价值的同时，促进生态系统的健康与恢复。

（四）生态文化传承原则

生态文化传承原则强调了在城市滨水景观设计中，应尊重和传承地域的生态文化。对于拥有丰富自然和历史资源的城市，设计应根植于当地的生态文化和传统之中，通过保护和恢复自然生态环境，以及融合地域特色和文化内涵，来塑造具有独特生态魅力的滨水景观。

（五）亲水性与生态修复原则

这一原则倡导设计应促进人与水的亲密接触，同时强调这种接触应在尊重和保护水域生态环境的基础上进行。通过科技手段，可以更好地应对洪水等自然灾害，从而确保人们能够安全地接近并欣赏水域的美景。此外，设计还应融入生态修复的理念，助力水域生态系统的恢复。

（六）立体设计与生态多样性原则

此原则注重空间的三维组合，旨在通过垂直方向上的设计创造视觉冲击。在滨水景观设计中，这意味着不仅要考虑植被的层次和硬景观的布局，还要关注生态多样性的保护和恢复。通过构建丰富的植被层次和错落有致的空间布局，可以为各种生物提供适宜的栖息地，从而促进生态系统的平衡。

（七）技术更新与生态可持续性原则

随着科技的不断发展，新材料和技术的应用为滨水景观设计带来了更多创新的可能性。然而，这些技术手段的应用应以生态可持续性为前提。通过利用最新的科技成果，可以提升景观的美学价值，同时确保其对生态环境的影响最小。这一原则强调了科技与生态之间的和谐共生，以及利用科技手段推动生态修复和可持续发展的重要性。

二、基于生态修复理念的城市滨水景观设计规划

（一）目标策划

目标策划是城市滨水景观设计中的关键环节，它需要对滨水区未来的生态修复和发展进行深入的分析与预测。这一过程要求超越传统的城市规划视角，重点从生态修复和特色塑造两个角度来思考。

1. 综合生态现状分析

必须对滨水区的综合生态现状进行详细的分析。这包括自然资源状况、地理特征、生态系统健康状况等多个层面。通过这些分析，可以更科学地预测滨水区在生态修复方面的潜力和需求，从而制定出具有针对性的生态修复目标和策略。

2. 发展背景解读

在全球化与区域一体化的背景下，城市间的生态合作与共享变得日益重要。因此，需要全面审视滨水区所处的宏观生态环境，包括周边的生态状况、环境政策、公众

的环保意识等。这有助于更好地理解滨水区在生态修复方面所面临的机遇与挑战。

3. 修复前景评估

（1）生态资源条件剖析。需要收集和整理滨水区的各类生态资源信息，如水质状况、土壤健康、生物多样性等。通过与类似区域的对比，可以更客观地评估滨水区的生态优势和存在的问题，为后续的生态修复工作提供依据。

（2）修复前景展望。这一步要求深入挖掘滨水区的生态修复潜力，明确关键的修复要素和可能的创新点。同时，也要正视修复过程中可能遇到的困难和限制，以及环境和市场条件的变化。通过这样的评估，可以为滨水区的生态修复制定出既具挑战性又切实可行的目标。

4. 修复目标定位

在此步骤中，需要综合考虑滨水区的多个方面，如其在区域生态网络中的位置、生态服务的潜力、对周边社区的影响、长期的生态可持续性。这些因素将共同决定滨水区的生态修复目标和发展方向。例如，根据资源和生态条件，可以确定适合的生态修复技术和方法；经济发展条件则可以帮助理解如何平衡生态保护与经济发展；区位和交通条件将影响修复材料的运输和修复工程的实施；人居环境条件则提醒设计师在修复过程中要充分考虑居民的生活质量和环境需求。

（二）基础分析

在基于生态修复理念的城市滨水景观设计方法中，基础分析阶段是整个设计过程中非常关键的一步。这一阶段主要包括以下几个方面的内容。

1. 地理位置分析

需要考虑城市滨水区的地理位置、气候条件、地形地貌等自然特征，这些因素对滨水景观的设计有着直接的影响。

2. 水文条件分析

水文条件分析包括对河流、湖泊等水体的水位、流速、水质等进行详细分析，以及对降水量、月均温度、风向风速等气候条件的考量，这些都会对滨水景观的设计和生态修复产生影响。

3. 人群需求调研

了解周边居民和游客的需求，包括他们对滨水空间的使用习惯、活动类型、功能需求等，以确保设计能够满足不同用户的需求。

4. 现状问题识别

分析现有滨水区存在的问题，如建筑垃圾乱放、生活垃圾乱堆、驳岸单一、植被单一等，这些问题的识别对后续的生态修复和景观设计至关重要。

5. 功能需求规划

根据前期调研和分析，规划滨水空间的功能分区，如湿地涵养区、人河互动区等，以满足亲水、水体净化、防洪蓄水等功能需求。

6. 设计理念构思

在基础分析的基础上，构思设计理念，考虑如何通过生态修复和景观设计，提升滨水区的生态价值和使用功能，同时融入地域文化特色。

以上步骤为城市滨水景观设计的基础分析阶段提供了一个全面的框架，有助于设计师系统地理解和应对设计过程中可能遇到的挑战。

（三）概念规划

在基于生态修复理念的城市滨水景观设计方法中，概念规划阶段的主要任务是构建一个既体现滨水区现状又对其生态修复潜力有所展望的概念模型。

1. 概念模型构建

在构建概念模型时，基于对场地和区域状况的深入分析，已经对滨水区的生态状况、环境问题和修复需求有了深刻理解。结合这些分析结果与生态修复的目标，可以形成多种可能的生态修复布局方案。这些方案的多样性源自不同修复目标和策略的选择。

在确定这些目标时，需要考虑其与总体生态修复目标的一致性，并将总体目标细化为具体的子目标，如水质改善、土壤修复、生物多样性提升等。接着，采用生态适宜性分析对每个子目标进行深入探究，整合相关因素以形成基于科学原则的多元布局方案，即“单纯模式”。这些模式在设计时保持独立，以确保针对每个生态问题的解决方案不受其他目标的干扰。

根据总体规划目标中各子目标之间的关系和优先级，将这些单纯模式相互结合，构建成一个综合概念模型。该模型不仅基于科学原理，还充分考虑滨水区的自然条件、环境问题和生态修复需求，为滨水区的生态修复提供了一种全面、动态的规划方向。

2. 多解决方案比较

在多解决方案比较阶段，将生态修复理念和策略融入概念模型中，形成多个具有不同侧重点和特色的备选方案。这些方案涵盖自然生态修复、景观生态提升、经济生态协调和人文生态保护等多个方面。制定方案时，确保每个方案的科学性和合理性，同时保持它们之间的差异性和独特性，以便更全面地评估各种可能的生态修复路径。

3. 概念方案优化

在概念方案优化阶段，充分考虑市场经济背景下多方利益相关者的角色，包括政府决策者、投资者和公众。优化过程不仅从社会经济和城市发展的角度出发，还基于多方利益博弈的原理来审视规划方案。在城市复杂的生态系统中，个体的次优选择有时能带来整体生态修复的最优结果。

因此，设计师应当以社会公共利益和生态修复目标为出发点，同时合理考虑政府意图和投资者利益，寻找各方利益的契合点，提出推荐方案。在方案优化和决策过程中，多方利益的协调至关重要。基于对各方案的综合评价，包括评估每个方案对生态、社会、经济的影响，明确指出各方案的特点、利弊和可行性。通过多方的交流、讨论和平衡，甚至在必要时进行妥协，以达成一个综合考虑多方利益且符合生态修复目标的最佳方案。这种方法不仅践行生态修复的理念，也是实现城市滨水区可持续生态发展的关键。

（四）控制规划

这个阶段的核心目的是制定具有导向性的滨水区生态修复规划方案，确保在概念性规划和功能分区的基础上进行有效的总体空间布局，同时注重生态修复措施的控制以及规划布局的可行性和可实施性。

1. 总体布局

在总体布局方面，着重将空间布局作为规划的核心。规划过程中，融合生态修复理念，旨在实现土地开发效益和生态环境修复效益的共赢，推动生态经济结构的优化。具体来说，这一阶段的滨水区空间布局在概念性方案和功能分区的基础上，提出综合性的空间布局纲要，明确生态修复的重点区域和措施。

（1）关于生态修复基础设施的规划，以生态安全为前提，优先考虑自然、生物过程的恢复与保护。采用景观生态修复的方法，进行生态基础设施的规划，包括恢复水系和湿地系统以增强防洪能力，设立自然保护地以保护生物栖息地，规划文化遗产廊道以传承乡土文化，同时布局视觉廊道以提供生态教育和游憩功能。

（2）在用地布局上，滨水区的用地规划应具备灵活性和适应性，同时在生态修复关键领域，如生态廊道、湿地保护区等，实行严格的规则性约束，以保障生态修复目标的实现。

总体而言，控制规划阶段旨在确保滨水区生态修复与发展的平衡，综合考虑生态安全、社会经济需求以及文化价值的保护，形成综合性、可持续的生态修复策略。

2. 可行性研究

可行性研究环节集中对滨水区生态修复规划中提出的纲要性空间布局进行深入分析。该过程涉及对关键生态修复设施和项目的布局方案进行详尽审查，确保其符合生态修复的原则、规范和发展需求。这些设施和项目涵盖水利、防洪、交通基础设施、旅游、文物保护、产业发展等领域，且都与生态修复紧密相关。在此过程中，识别并应对潜在的问题，提出改善建议，以保障生态修复方案的可实施性和成效。

3. 方案深化综合

方案深化综合阶段在可行性研究的基础上进行。此阶段主要是一个循环往复的沟通与协调过程，包含多方面的反馈与调整。首先，从上至下明确生态修复目标和总体布局。随后，自下而上分析各生态修复方案的可行性，揭示存在的问题与挑战。最后，再次从上至下对总体布局进行必要的修改和调整。这一循环可能需多次重复，直至形成既切实可行又协调一致的生态修复综合方案。

（五）详细规划

这一阶段的核心目标是为滨水区设计详尽的规划方案。该方案以控制规划为基石，通过深入规划专项支撑系统和关键区域，旨在为滨水区的管理、审批及后续的城市设计环节提供确凿的依据。

1. 专项支撑系统规划

在专项支撑系统规划环节，聚焦于道路交通、市政基础设施、园林绿化、文化遗产保护、生态修复措施、防洪策略、旅游规划等核心领域。同时，对水系、岸线、步行系统、景观布局、空间规划、建设强度、建筑方向进行严格控制和细致规划。这些举措旨在确保滨水区的多功能性和生态环境得到有效恢复与可持续发展。

2. 重点地段详细规划

针对滨水区的重点地段，进行更为精细和具体的规划工作。这包括对主要节点或近期实施区域的总平面设计、精确定位、空间布局、绿化规划、基础设施布局、地面铺装设计、环境细节设计等方面的全面规划。这些规划活动不仅关乎滨水区功能的完善，更对区域的整体美观和特色构建具有重要意义。通过实施这些规划，推动滨水区的生态修复，实现环境、经济和社会的和谐发展。

（六）实施策略

实施策略阶段是规划流程中的关键环节。此阶段的目标是将规划与实际建设和运营紧密结合，为滨水景观建设主体提供切实可行的实施策略和措施。

1. 发展建设时序

确定发展建设时序在滨水区规划中占有重要地位。这一过程涉及制定开发建设的时间表和相应策略，以推动滨水区的有序发展和生态修复，确保其稳定性和持续性。在设定时序时，需遵循以下几个核心原则。

（1）平衡空间建设与生态修复。在每个阶段，既要确保生产生活设施的完善，又要着重于生态修复工作，以提升滨水区的整体环境和生态品质。

（2）控制适宜的发展速度。应聚焦于开发建设用地，避免无序扩张和盲目开发，减少土地和资源的浪费，并为未来的发展和变化预留调整空间。

（3）明确近期建设或优先发展区域。在选择这些区域时，需综合考虑是否能迅速展现区域新貌、提高土地利用效益及政策的可实施性。优先选取那些基础设施较为完备、拆迁量小、前期投资较低且能引导规划区域发展的地块。

通过本阶段的精心规划和实施，旨在实现滨水区经济效益与生态修复的双赢，为滨水区的可持续发展奠定坚实基础。

2. 开发投资估算

对滨水区规划进行开发投资估算是关键步骤。这包括估算近期和远期建设投入与产出，特别是生态修复项目和土地一级开发的投资成本及潜在回报。根据规划方案和分期建设计划，为建设主体提供投资估算的初步依据。同时，该估算也用于评估规划方案的实操性，确保投资的有效性和方案的可行性。

3. 评价反馈体系

构建评价反馈体系对于确保滨水区开发在促进生态修复和经济发展方面至关重要。通过科学的评价，可以及时获得反馈并调整规划方案，以实现生态、社会和经济的协同发展。评价应全面考虑生态经济系统的多个维度，包括当前与长远、局部与整体、生态与经济等。评价原则主要聚焦于高效产出、低资源消耗、优质产品、系统风险最小化及自然资源的最佳利用。在评价方法上，可采用生态经济效益综合指数评价法和价值计算法等。

综上所述，滨水区规划的开发投资估算和评价反馈体系是连接规划与实施的重要桥梁，同时推动生态修复和经济的持续发展。这些方法将有效指导并优化滨水区的规划与发展进程。

第四节　案例分析

一、江苏宿迁鸣凤漙公园滨水景观的规划

（一）工程简介

1. 工程所在地江苏宿迁概况

江苏省宿迁市作为一个位于江苏北部的地级市，拥有其独特的地理和文化特征。宿迁地处长江三角洲，是长三角城市群的重要组成部分。其地理位置处于淮海经济圈、沿海经济带和沿江经济带的交汇点，这使其成为经济辐射的交叉中心。

从历史文化的角度来看，宿迁拥有深厚的历史底蕴和悠久的文化传统。古时宿迁曾被称为下相、宿豫或钟吾，它是西楚霸王项羽的故乡。地理上，宿迁靠近京杭大运河，北依骆马湖，南临洪泽湖，拥有得天独厚的水利条件。宿迁自古以来就有“北望齐鲁、南接江淮，居两水（黄河、长江）中道、扼二京（北京、南京）咽喉”的盛誉。这些地理和历史特征为宿迁提供了丰富的资源，为其城市发展和滨水景观设计创造了独特的条件。

2. 鸣凤漙公园概况

鸣凤漙公园是宿迁市一处别具一格的滨水景观，它坐落于古黄河畔，原是一块长期未被利用的城市空地。公园名“鸣凤漙”蕴含着诗意，意指“凤凰衔来的水珠”，这象征着祥瑞与美满，深刻反映了公园设计的文化底蕴和美好愿景。

此公园是宿迁市探索海绵城市理念的先行示范区，它是“城市绿心”思想的鲜活实践。在设计和构建过程中，鸣凤漙公园严格遵循海绵城市的构建准则，巧妙利用区域内道路与水面之间自然形成的高差，创新地运用了植物阶梯式过滤池的设计。这样的构思在雨季能高效地吸纳并集蓄雨水，在需要时又能释放并再利用这些水资源。此举不仅改进了水循环机制，还改善了水质，将生态修复与景观提升完美结合。

鸣凤漙公园的设计与建造，彰显了城市景观规划中生态修复思想的深入运用，为宿迁市的城市风貌和生态复原增添了一道亮丽的风景线。因此，公园不仅成为市民休闲娱乐的好去处，更展示了在城市化进程中如何实现人类与自然环境的和谐相融。

（二）相关设计

1. 设计内容

鸣凤漙公园的设计实施，充分展现了生态修复理念在城市滨水景观规划与建

设中的实践应用。这个位于江苏宿迁、占地约 25000 平方米的公园，将生态修复与环境美化巧妙地结合在一起。

公园的设计内容主要包含四个功能区：浪漫花径、水塬天地、水湾栈道和城市绿心。浪漫花径区域通过精心选择的草花混播技术，打造了一条五彩斑斓、生机勃勃的花海走廊。该区域栽种了黄金菊、松果菊等宿根花卉，以及垂丝海棠、樱花、碧桃等小乔木，营造出一片既浪漫又静谧的景致。

水塬天地区域则从黄河两岸的自然景观中汲取灵感，借助自然地形，创造了一个趣味盎然的亲水空间。该区域以小溪流水的形态为蓝本，设置了多样化的戏水设施，为市民提供了一个与水亲近、享受乐趣的场所。

水湾栈道的设计灵感源自黄河蜿蜒曲折的形态，利用古色古香的木质栈道，勾勒出水面上的凤凰形象。此外，该区域种植的水生植物不仅增添了河岸的美感，还起到了净化水体的重要作用。

2. 设计的意义

鸣凤溥公园的设计不仅着眼于保护生态环境和提升生物多样性，更致力于优化城市居民的生活环境。该公园为市民提供了一个融入自然的休憩场所，同时成为城市中一道靓丽的风景线。这一设计不仅让公园成为市民休闲娱乐的好去处，更展示了城市滨水区在生态恢复和景观塑造方面的潜力，为城市的生态修复工作提供了宝贵的借鉴。

二、上海徐汇滨江滨水景观设计

（一）徐汇滨江地区概况

徐汇滨江地区位于上海市黄浦江南端，是城市转型发展的关键地区。其总体规划面积约 731 公顷，其中街道与河道占据 56 公顷。这一区域因沿江的中心城区位置，拥有显著的开发优势，在上海这座土地资源紧缺的城市中尤为突出。

该区域的规划框架采用“一带三核三区”的布局。其中，“一带”指的是龙腾大道与黄浦江之间的地带，计划利用滨江公共绿地和开放空间，打造滨江功能带，适度布局低密度的商业文化设施，以展现该地区的生态修复、休闲和公共活动功能。“三核”包含三个核心功能区。首先是“云锦路—龙耀路核心功能区”，专注于推进高端生态修复与休闲商务，利用滨水的大型公园空间实现综合功能。其次是“枫林路—龙华路核心功能区”，以文化展示和宗教交流为主，围绕龙华寺和龙华烈士陵园，推动旅游观光等功能。最后是“龙华历史文化风貌核心功能区”，以文化和旅游为引领，致力于区域文化的展示与交流。“三区”指的是三个重点发展区域：滨江生命科学拓展区、滨江生态修复与休闲商务区和滨江生态修复与休闲居住区。这些区域分别着重于高端商务、生态修复与休闲以及居住功能的发展，旨在构建一个多功能、高效的城市区域。

在交通方面，徐汇滨江地区的内环线、中环线和外环线以及多条地铁线路为该区域提供了便捷的交通条件，同时“七路二隧”道路工程的建设进一步提升了该区域的交通便捷性。

总体而言，徐汇滨江地区的规划与开发深刻体现了生态修复理念在城市滨水景观设计中的运用，旨在推动区域内生态环境的修复、文化的展示、休闲娱乐的融合以及商务活动的发展，为上海市的城市转型与发展注入了新的活力。

（二）设计的相关内容

徐汇滨江公共开放空间项目，作为上海黄浦江两岸开发规划的重要一环，体现了城市滨水景观设计中生态修复理念的应用。本案例聚焦于该项目，深入探讨滨水景观设计的具体实践及其特色。

1. 工程概况

工程整体覆盖面积约 404400 平方米。在进行了单位搬迁、建筑拆除、管线迁移或拆除、绿化移植及场地整理等基础准备工作后，主要着力于绿地景观的建设，包括辅助建筑、亲水平台、码头翻新、防洪墙体的改造等内容。

徐汇滨江区域的绿化景观工程被划分为三大功能区：休闲文化区、文化艺术区和自然休闲区。其中，绿地面积约为 283300 平方米，绿地率约 70%，并规划了 1000 个地下停车位。将该区域规划为一个融合了滨江休闲、观光和绿地的生态体系。项目的核心目标是增进滨水空间的亲水性、公共性和可达性，同时打造一个景观优美、层次分明且人文特色丰富的公共活动场所。

徐汇滨江公共开放空间的设计与实现，不仅提升了城市滨水区的生态价值和美学品质，还提升了公众的参与感和享受感，彰显了城市滨水景观设计在提升城市环境及居民生活质量方面的关键作用。

2. 设计目的

徐汇滨江公共开放空间的设计，旨在构建一个既开放又能满足公众隐私需求的环境。作为公共空间，其设计兼顾功能性和多样性，提供了亲子平台、公共娱乐广场等设施，为市民打造了一个既适宜休闲又适宜娱乐的场所。同时，这个滨水空间也考虑到了防洪需求，特别设置了防洪带，为洪水发生时提供了一定的保护。

3. 未来设计规划

展望徐汇滨江公共开放空间的未来，预计它将成为吸引商业中心的关键区域。这个空间未来可能会进一步融入商业元素，借助徐汇滨江地区丰富的经济和科技资源，扩大绿化面积、增加亲子娱乐项目。此外，通过引入先进科技，提升防洪能力，并开发出更多创新的功能区域。

在城市滨水景观设计中，生态修复理念的应用着重于生态系统的恢复与自然环境的修补。通过采用如湿地复原和植被修复等生态化设计手法，可以强化滨水区的生态功能。结合景观设计，可以塑造出既美观又生态健康、充满活力的公共空间，为市民提供休闲、娱乐和亲水的场所。

此外，基于生态修复理念的设计还注重资源的循环利用和低碳环保，在材料选择上优先考虑环保性能，优化能源使用，减少碳排放。同时，设计也关注社会公平和文化传承，在滨水景观设计中融入地域历史文化特色，并通过公众参与，达成社会共享。

总的来说，基于生态修复理念的城市滨水景观设计是一种全面、协调和可持续的方法。通过生态化、环保化、文化传承和社会参与等多方面的考量，创造出与自然和谐共生的景观，为城市的可持续发展贡献力量。

第四章 文化之美——基于地域文化的城市滨水景观设计

本章旨在研究基于地域文化的城市滨水景观设计，探讨地域文化在城市滨水景观设计中的应用与影响。地域文化是一个城市独有的宝贵资源，能够为城市滨水景观注入独特的文化内涵。本章为城市滨水景观设计提供新的理论视角和实践方向，有助于保护和传承地域文化，提升城市滨水区的文化品质。通过本章的学习，读者可以更深入地理解地域文化与城市滨水景观设计的相互关系。同时，本章还通过具体的案例分析，展示了地域文化在城市滨水景观中的应用，值得深入学习和借鉴。

第一节 地域文化的概述

一、地域的释义

地域，作为地理学的一个基本概念，不仅涵盖自然地理条件和环境因素，而且深刻地融合了政治、文化、风俗、信仰等多种社会因素。地域并不单纯是一个物理空间，它还代表了一个充满人文价值和社会意义的复杂系统。在这个系统中，自然地理环境提供了基础框架，而人文历史空间则注入了丰富的文化内涵和社会属性。

地域可概括为一个综合性的空间概念，包含两个基本维度：自然地理空间和人文历史空间。自然地理空间指的是地球表面不同区域的自然环境特征，如地形地貌、气候条件、水文特性等。这些特征决定了一个地区的自然景观和生态系统。人文历史空间则是指那些在特定自然地理环境中发展起来的社会文化特征，包括当地的历史沿革、文化传统、社会结构、生活方式、居民的价值观和信仰等。

在城市滨水景观设计中，地域的概念非常关键。设计师需要深入理解并尊重每个地区的自然地理特点和人文历史背景，并将这些元素融入设计之中，创造出既符合自然环境又反映地域文化特色的景观空间。例如，设计时可以考虑地形的自然走向，利用当地的自然材料，同时引入具有地区特色的文化元素和艺术形式，如地方历史故事、传统艺术、民俗活动等，从而打造一个既对环境友好又有丰富文化的滨水空间。

二、地域文化的释义

地域文化，作为一种地理环境与社会结构共同塑造的文化形态，具有鲜明的区域特色和深厚的历史底蕴。

地域文化的形成基于两个核心要素。一是自然环境，这包括地理位置、地形地貌、气候条件等自然因素，这些因素塑造了地区的物理特征和资源条件；二是社会文化，这涉及该地区社会的组织结构、经济形态、宗教信仰和传统习俗等，这些因素共同决定了地域文化的特色和形态。

地域文化的独特性源于其地理分异性。自然环境的不同导致了地区间在生态和生物多样性上的差异，这些差异进一步影响了人类的生活方式和文化形式。例如，山区和平原地区的生活方式、经济活动和文化表现形式就有明显的差异。同时，人类活动也影响着自然环境，形成了独特的地域文化特色。

地域文化在历史上的发展和演变不仅是自然环境和社会结构的简单叠加，它还涉及文化的传承、交流和融合。各地的民风、习俗、经济活动和文化表现形式都是地域文化多样性和复杂性的体现。在全球化的当代社会，地域文化的交流和融合愈发频繁，这不仅促进了地域文化的相互学习和借鉴，也为地域文化的创新和发展提供了广阔的空间。

总之，地域文化是一个地理环境和社会文化共同塑造的复杂体系，它不仅体现了一个地区的自然特征和社会结构，也蕴含了该地区人民的生活方式、价值观念和艺术表达。在城市滨水景观设计中，对地域文化的深入理解和运用，可以使景观设计更具地域特色和文化深度，为人们提供更丰富的文化体验。

三、地域文化的特征

（一）复杂性

地域文化是在漫长的历史进程中，由自然环境和人类活动相互作用而形成的复杂体系。这种文化体系不仅包括了自然地理、气候、资源等自然要素，也涵盖了民族、语言、宗教、风俗习惯等人文要素。在中国的历史长河中，地域文化展现出了复杂性。

中国是一个历史悠久的文明古国，其地域文化的形成和发展经历了数千年的时间积淀。古代中国的地域文化在各个朝代得到了不断的发展。例如，汉武帝时期通过南征北战拓展了文化交流的地理范围，促进了不同地域文化的相互影响和融合。到了唐代，随着丝绸之路的繁荣发展，长安成为国际化大都市，吸引了大量外来的民族和文化，从而进一步丰富和发展了当地的文化。明代的海上丝绸之路也带来了与外界更为广泛的文化交流。这些历史事件不仅推动了文化的交流和融合，还促使地域文化在与外来文化的相互作用中不断发展和完善，从而形成了更加丰富和多元的文化形态。地域文化的复杂性在城市景观、建筑风格等方面得到了体现，增加了中国文化的多样性和深度。

在城市滨水景观设计中，地域文化的复杂性要求设计师深入理解和挖掘每个地区独特的文化内涵。在设计中融入地方历史故事、传统艺术、民俗活动等元素，可以创造出既反映地方特色又符合现代审美需求的滨水景观，为城市增添独特的文化魅力和历史底蕴。

（二）差异性

在城市滨水景观设计中，地域文化的差异性是不可忽视的关键因素。这种差异性源于每个地区独特的自然地理环境、历史沿革、社会结构、经济特点和文化传统。正如建筑学家吴良镛所强调的，地域文化是一个地区历史和文化积淀的体现，它蕴含了该地区的精神特质和民族特色，是在特定时间和地点条件下逐渐形成的具有典型性和独特性的文化形态。

中国各地的文化差异性尤为显著，由于各地的地理环境、气候条件、民族构成等因素的不同，形成了丰富多样的地域文化。例如，南北方的文化就存在显著差异，南方以水乡特色为主，北方则以壮阔的山水为特点；东部沿海地区与西部内陆地区在文化上也有所不同，东部更加开放和现代化，而西部则保留了更多传统和民族文化特色。

这些文化的差异性不仅体现在传统艺术、民俗风情上，还深刻影响着城市的建筑风格和景观设计。在滨水景观设计中，这种差异性要求设计师深入理解并尊重每个地区的文化特点和居民的生活习惯，将地方特色和文化元素巧妙地融入设计之中。充分利用地域文化的差异性，可以创造出具有独特地方特色和文化内涵的滨水景观，使之成为城市中独一无二的文化标志。

（三）稳定性

地域文化的稳定性是在长期的自然环境和社会文化相互作用下形成的。它表明，在一定的历史时期内，地域文化的核心特征和基本价值观念相对稳定，其形态和内容较为固定，具有较强的传承性和连续性。

虽然时代在变迁，新的文化元素不断出现，但地域文化的本质特征并未根本改变。这种稳定性反映了文化的深层结构和长期积累的价值观念。例如，某个地区的传统节日、民俗活动、信仰习俗和建筑风格，尽管随着时间发生了一些变化，但其核心内容和基本形态保持稳定，继续影响着当地人的生活方式和思想观念。

在城市滨水景观设计中，这种稳定性要求设计师深入挖掘和了解当地的文化传统，保留和弘扬文化特征。设计时设计师应充分考虑地域文化的稳定性，尊重历史文化传统，避免盲目追求时尚或过度借鉴外来元素，在保持地域文化稳定性的基础上，进行创新性地设计。这样，不仅能够保护和传承文化遗产，还能使滨水景观成为展现地域文化特色和历史深度的窗口，提升城市的文化内涵，增强城市景观的吸引力。

四、地域文化的构成因素

地域文化的构成因素涉及自然地理环境和社会人文因素以及两者之间的相互作用。它们共同塑造了地域文化的特点和表现形式。

（一）自然地理环境

自然地理环境是地域文化形成的基础和背景，其稳定性在一定历史时期内为地域文化的形成提供了条件。自然环境的构成因素，如气候、地形、水文、植物等，直接影响着人类的生活方式和生产活动。

1. 气候条件

气候条件对地域文化的塑造作用不可小觑。不同地理区域的气候特征，如温度、湿度、风向、降水等，对该地区的自然环境和人文活动产生深远影响。光照条件、气温和湿度等因素直接决定了植被的类型和分布，从而影响了该地域的自然景观。例如，寒冷的气候区域常见针叶林，而热带地区则充斥着茂盛的雨林。

气候条件还间接地影响了人类的生产活动和生活习惯。不同的气候条件使得农耕方式、作物类型各异，如中国南方的稻作和北方的麦作，这不仅决定了当地主要的食物来源，还影响了人们的饮食习惯和节日庆典。气候条件还影响建筑风格和建筑布局的形成。例如，多雨地区的建筑应考虑更好的排水系统，而干旱地区的建筑则着重考虑防晒和通风。

在城市滨水景观设计中，充分考虑气候条件的影响至关重要。设计师应对当地气候特征有深入理解，选择适宜的植被，采用合理的建筑布局和形式，以此来反映当地的地域特色。此外，气候条件对城市滨水区的舒适度、可持续性和生态平衡也有显著影响。因此，考虑气候条件，能够使城市滨水景观更具吸引力，更符合地域特色，同时更具有环境适应性和可持续发展性。

2. 地形地貌

城市的地形地貌，如山脉、平原、丘陵等，不仅塑造了城市的自然景观，还深刻影响着居民的生活方式和审美观念。例如，重庆等山城，其崎岖的地形造就了独特的棚户区文化和山城步道；而北京等平原城市，则展现出宽广的街道和大型的建筑群。地形地貌的差异，使得不同地区的城市风貌各异，进而塑造了独特的地域文化。

3. 水文条件

河流作为城市发展的摇篮，对城市的文化、经济和历史产生了深远的影响。河流的存在不仅提供了生活用水、满足了交通等基本需求，还成为城市文化和精神的象征。例如，黄河被誉为中华民族的母亲河，其河流文化深入人心；长江以其壮阔的气势，促进了沿岸城市的经济发展和文化繁荣。因此，在城市滨水景观设计中，河流不仅是自然要素，更是文化和历史的载体。

4. 植物

乡土植物的种类和特征，直接反映了一个地区的自然环境和文化特色。乡土植物的选择和配置，不仅能够体现城市的地理特征，还能提高城市景观的独特性和辨识度。例如，广州的木棉花代表了南方的热情，洛阳的牡丹体现了中原的雍容，南京的蜡梅则寄托了古都的深情。在城市滨水景观设计中，恰当地运用乡土植物，不仅能够为城市带来绿色生态效益，还能够提升城市的文化内涵和审美价值。

（二）社会人文因素

社会人文因素是指影响和塑造社会或文化的各种人类活动、观念、价值观、传统和行为模式的总和。这些因素在一定程度上决定了一个社区、地区甚至是国家的社会结构和文化特征。在城市滨水景观设计中，社会人文因素起着至关重要的作用。这些因素不仅是城市文化的重要组成部分，更是城市特色和魅力的集中体现。

1. 历史文脉

城市滨水景观设计中，历史文脉的融入至关重要。历史文脉不仅是对历史事件、传说或古迹的简单叙述，而是通过对景观设计元素的巧妙安排来讲述一个地方的故事。这可以通过恢复和保护历史遗迹，或在设计中使用具有历史象征意义的材料和元素来实现。如此，游客在欣赏美丽的滨水景观的同时，也能感受到地域的历史深度和文化底蕴，从而增强对该地域文化的认同感和归属感。

2. 传统文化

传统文化不仅是对过去的回顾，更是对一种文化进行传承和创新的表现。在城市滨水景观设计中，通过运用现代的视角和技术手段可以重新解读和表达传统文化，使其更加生动、接地气。例如，运用现代艺术手法表现传统民间故事，或者在滨水景观中融入具有代表性的地方艺术形式和工艺。这样的设计既保留了传统文化的精髓，又赋予其新的生命力，使传统文化在现代社会中焕发新的光彩。

3. 传统民俗

传统民俗是地域文化的重要组成部分，它反映了一个地区人民的生活方式和精神追求。在滨水景观设计中，应当提炼和再现地区的传统民俗元素，如皮影戏的皮影人物、剪纸艺术、年画形象、戏曲脸谱等。这些民俗元素不仅能够营造景观的文化氛围，还能增强对地域文化的认同感和传承意识。例如，在景观中设置皮影戏表演场地，或以剪纸艺术装饰景观，不仅能够吸引游客的注意，还能让游客深入了解和体验当地的文化特色。

4. 生产生活

一个地区的生活方式和生产方式是其文化特色的重要体现。在城市滨水景观设计中,应当注重展示地区特有的生活方式和生产工具。例如,可以将老物件（如石磨、石碾和饮马槽等）融入景观设计中，这些旧物新用的元素不仅是城市发展的见证，也是对过去生活方式的一种缅怀。这样的设计不仅能够唤起人们对过往生活的记忆，还能加强游客对地区文化的理解。

第二节　地域文化与城市滨水景观设计的相关研究

一、将地域文化融入城市滨水景观设计需要关注的方面

地域文化在城市滨水景观设计中的应用,不仅是简单的形式复制或符号堆砌,而是一种深层次的文化理解和创新设计思维。它要求设计师深入挖掘和理解特定地区的历史背景、文化传统、自然特征和居民的生活方式，并将这些元素融入景观设计之中，创造出既符合现代审美又具有地域特色的滨水空间。

（一）历史与文化传承

每个地区都有其独特的历史和文化传承，这些传承在城市滨水景观设计中可

以得到新的诠释和展现。设计师可以通过对历史文化的研究，将地区的历史故事、文化符号和艺术形式融入景观中，如雕塑、纪念物、图案设计等方式，让游客在体验美丽的滨水景观的同时，也能感受到浓厚的文化氛围。

（二）自然环境的融合

自然环境是滨水景观设计不可或缺的部分。设计师需要根据具体地区的地理特征，如河流、湖泊、植被类型等，设计出与自然环境和谐共生的滨水空间。例如，沿海地区的设计会更多地考虑海风、潮汐等因素，而内陆河流地区则更注重河岸的生态恢复和保护。

（三）居民生活方式的反映

地域文化根植于居民的日常生活中。城市滨水景观设计应考虑当地居民的生活习惯和需求，创造出既适合休闲娱乐又能满足社交、文化活动的公共空间。例如，为喜爱户外活动的社区设计更多的休闲设施，或为历史文化深厚的地区设计展示当地传统艺术的空间。

（四）可持续发展的理念

当代的城市滨水景观设计越来越注重生态保护和可持续发展。设计中应考虑水资源的合理利用、生态系统的保护和恢复，以及对环境的最小化干预。例如，利用雨水收集系统和种植本地植被，不仅可以减少对自然资源的消耗，还可以提升生态多样性。

二、地域文化融入滨水景观设计存在的问题

（一）设计主题表达含糊，缺乏文化命题特征

在中国城市滨水景观设计领域，近年来尽管项目数量迅速增加，设计理念和实践也逐渐向国际标准靠拢，但在地域文化融入方面仍存在一些显著问题。其中最为关键的问题是设计主题表达的含糊性和缺乏文化命题特征。

20 世纪初，随着西方现代滨水景观设计理念的引入，我国开始大规模实施城市滨水景观工程。这一过程中，虽然取得了显著的成果，但在借鉴国外优秀案例的同时，也出现了忽视本土文化特色的现象。许多城市在设计滨水景观时，未能深入挖掘和利用当地独有的历史文化资源，而是简单地模仿其他城市的设计风格和元素。这种同质化的做法，忽略了地域文化的独特性和连续性，导致城市滨

水景观趋同，缺乏特色。

此外，还有一些城市在设计过程中，为了追求所谓的“文化特色”，将各种不同的文化元素强行融合，未能对本地文化进行深度的分析和挖掘。这种设计方式往往导致文化主题的表达模糊不清，不能准确传达地域文化的精髓，使游客感到困惑，难以形成对地域文化的深入理解和情感认同。

总体而言，这些问题的存在不仅影响了城市滨水景观的独特性和吸引力，也损害了城市形象，不利于文化传承。因此，在滨水景观设计中，需要更加注重对地域文化的挖掘与创新表达，将文化的深层意义和本土特色融入设计之中，以打造既具有历史价值又符合现代审美的滨水景观。

（二）设计手法过于简单，难以激发文化认同

在当前的城市滨水景观设计中，普遍存在的一个问题是地域文化表达方式单一，缺乏创新。这种情况导致了文化内涵的表达浅显，难以深入人心，从而影响了公众对地域文化的认同感和体验感。

在许多滨水景观中，历史文化的表达往往受限于传统的雕塑或浮雕形式。这种表现手法虽然具有一定的视觉冲击力，但往往与周边的环境未能融合，无法深刻表达历史人物或历史事件的核心思想和文化价值。例如，荆州护城河旁的关公雕像未能充分地展现关公文化中的忠诚、信义、正直和勇敢等精神内涵，也未能有效地将关公文化与荆州古城的历史背景和文化特色联系起来。这种表面化的文化表达，往往使人们难以产生深层次的文化共鸣，从而削弱了滨水景观对地域文化认同感的增强作用。

此外，许多城市滨水景观在地域文化表达上，更多地注重局部造型和微观景观要素，而忽视了民俗文化等更为深入的文化层面。这种设计方法虽然在形式上更加美观，但缺少对实际生活需求和地域文化深度挖掘的关注。结果是这些景观虽然在视觉上能吸引人，却无法真正代表和体现当地的文化特色和精神内涵，导致城市居民对景观中地域文化的体验度降低。

总而言之，当前滨水景观设计中地域文化的表达方式需要从单一的形式主义向深度挖掘其精神内核转变，创新地域文化的表达手法，以增强公众的文化认同感并鼓励公众参与体验。只有这样，才能真正实现滨水景观的文化价值和社会效益。

（三）忽略城市滨水作用，无法满足功能需求

在我国城市滨水景观设计领域中，一个显著的问题是对地域文化的表达过于

浮夸和形式化，忽视了滨水区作为城市公共空间的实际功能需求。城市滨水区不仅是城市居民日常休闲、娱乐的场所，更是体现城市文化与历史的重要空间。

城市居民对滨水区的需求已经从单纯的休闲娱乐功能，扩展到精神文化层面的追求。然而，许多城市在滨水景观的设计中，过分强调大型驳岸、大型雕塑等硬质结构，这种设计往往缺文化性，给人带来冷漠的视觉体验，无法有效地表达和传递地域文化的精髓。这种设计方法不仅无法满足城市居民对滨水区的多元化功能需求，也未能充分发挥滨水区在城市文化和历史发展中的重要作用。

在设计城市滨水景观时，应当更加关注滨水区在城市生态系统中的地位，以及其在历史和文化传承中的作用。设计不仅要注重滨水区的生态性和文化性，还要充分考虑其在城市居民日常生活中的功能性，确保景观设计能够真正满足居民的物质和精神需求。只有这样，城市滨水景观设计才能实现生态性、文化性与功能性的有机统一，真正体现滨水区在城市发展中的重要价值。

（四）地域文化理念落后，片面强调形象设计

在当前的滨水景观设计领域中，一个突出的问题是地域文化理念的滞后和过度强调形象设计。这表现为对高科技材料和技术的过度依赖，如大量使用金属材质和 3D 打印技术。这些现代元素虽然增强了景观的现代感，但忽略了与地域文化的有机结合，导致地域文化在滨水景观中缺失。

城市滨水景观设计的核心目的是服务市民，这就要求设计既要符合现代审美，又要融入地域文化的精髓。在设计实践中，应更多地考虑如何利用现代技术增强市民的文化体验，而不仅是追求形式上的现代化。例如，可以利用增强现实和虚拟现实等技术，使市民在体验滨水景观的同时，更深入地了解城市的历史文化，从而促进地域文化的传承和发展。

总体而言，滨水景观设计应在现代化和地域文化之间找到平衡点，通过创新的设计手法和技术应用，实现地域文化的有效传承和持续发展，从而为城市滨水景观赋予更深层次的文化意义和价值。

三、城市滨水景观设计对地域文化的需求

（一）城市地域文脉的传承需求

城市滨水区，作为城市的重要组成部分，承载着丰富的地域文化与历史记忆，是连接城市与自然的关键节点。在这个背景下，城市滨水景观设计不仅是一种空间的美学创造，更是地域文脉传承的重要渠道。

地域文化的传承需求在城市滨水区表现得尤为突出。一方面，滨水区的设计需要深入挖掘和反映城市的历史文化特色，通过景观元素的选择与布局，传递城市的文化精神和价值观念。这不仅涉及物质文化层面，如历史建筑的保护、传统艺术的展示，更包括非物质文化的传承，如民俗活动的演出、历史故事的讲述等。另一方面，城市滨水景观设计应该顺应现代社会的发展趋势，创造性地融合现代科技与传统文化。例如，利用数字技术重现历史场景，或者在景观设计中融入互动体验，让游客更直观地感受城市的文化底蕴。同时，滨水景观设计应考虑不同群体的文化需求，创造多功能、包容性强的公共空间，促进不同文化背景的市民之间的交流与互动。

（二）使用者对场所的情感需求

城市滨水景观是城市文化的集中展现，如何满足使用者对滨水空间的深层次情感需求，成为城市滨水景观设计的关键。首先，城市滨水景观设计需要深入挖掘和体现地域文化。地域文化作为城市历史与文化的载体，其在滨水景观设计中的体现，能够满足人们对历史的回顾和文化的感知。例如，通过在滨水区设置具有地域特色的艺术装置、历史纪念物，或者是重现历史事件的场景等方式，可以让人们在休闲娱乐的同时，感受到城市的文化底蕴。其次，城市滨水景观设计应关注人们对场所的情感依恋。人们对生活空间的感情寄托，不仅体现在物理空间上，更体现在对该空间的文化内涵的认同与感知上。因此，在设计过程中，应充分考虑使用者的情感诉求，创造出能够引发情感共鸣的空间。例如，通过营造安静舒适的休憩氛围，结合当地传统文化元素，如地方特色的园林布局、传统手工艺品的展示等，增强使用者对本地区的情感联系。最后，城市滨水景观设计应顺应时代潮流，融入现代设计元素。在保持传统文化特色的同时，应通过现代化的设计理念和技术，为滨水区注入新的活力。例如，利用现代艺术形式表达传统文化主题，或者是运用新型材料和科技手段提升使用体验，使滨水区成为既展现地域文化，又符合现代审美的公共空间。

综上所述，城市滨水景观设计应以满足人们的情感需求为出发点，深入挖掘并体现地域文化，结合现代设计手法，创造出能够激发人们情感共鸣和文化认同的公共空间。

（三）滨水景观设计的文化内涵需求

在当代社会，城市滨水景观设计已逐渐演变成为一种融合生态、文化及娱乐元素的多功能公共空间。这种变化不仅体现在自然景观的创造上，更涉及对地域文化内涵的挖掘与呈现。城市滨水区作为城市的重要组成部分，其设计不应仅限于形式化的美学追求，应更加注重内涵的表达与文化的融入。在这一过程中，历史与文化的厚重底蕴成为不可或缺的要素。

从历史的角度来看，每个城市的滨水区都承载着丰富的历史记忆与文化传承。这些文化印记随着时间的推移，不断发展演化，形成了独特的地域文化内涵。这些地域文化内涵不仅包括自然景观的美学要素，还涉及人文历史、信仰崇拜等多元文化要素。因此，在城市滨水景观设计中，应当将这些文化要素融入设计中，创造出既体现现代审美又不失地域文化特色的景观。

具体而言，设计时应将地域文化的多维度特征考虑在内，通过创新的设计手法，使滨水景观成为展示城市文化特征与精神的窗口。这种设计不仅能够提升景观的文化内涵，还能为公众提供一个深入理解和体验城市历史文化的空间。例如，恰当地利用地方历史元素、传统建筑风格或当地的艺术作品，可以使滨水景观成为连接过去与现在、城市与自然、人与文化的桥梁。

四、地域文化融入城市滨水景观设计的设计原则

（一）生态优先原则

生态优先原则强调在保护生态系统的同时，实现景观设计的美学和功能目标。滨水区作为城市与自然界的交汇点，拥有复杂的生态系统。设计中应尊重和保护这些自然资源，避免对原有生态系统的破坏。在保持滨水区的自然状态和生态功能的同时，也应考虑对水生生态系统的保护，如保持水体的自然流动，确保水质的清洁和生物的多样性。

城市滨水景观设计应注重蓝绿交融，即水体与绿色植被的有机结合。这不仅可以提升景观的视觉美感，也有助于保持生态平衡、提供生物栖息地、保护生物多样性。设计中应充分利用天然水体，结合植被配置，创造多样化的生态环境，如设置湿地、水生植物区域，增强生态景观的稳定性和可持续性。

另外，根据具体的地理位置和环境特征，合理规划滨水景观，既要保护原有的自然地形和生态系统，又要考虑滨水区的人文特色和社会需求。设计时应充分考虑当地的气候条件、水文特征、植物适应性等因素，选择适合当地环境的植物种植，避免引入外来物种，防止对当地生态系统造成负面影响。

此外，在尊重和保护生态环境的基础上，融入当地的地域文化特色，如历史遗迹、民俗风情、地方艺术等，使滨水景观既反映自然之美，又展示文化韵味。通过设计手法和材料选择，体现地域文化的独特性，同时保持人与自然生态的和

谐共生，形成具有地方特色和生态友好的景观。

总之，践行生态优先原则的城市滨水景观设计，不仅有助于提升城市的生态环境，还能增强城市的文化魅力和游览价值，从而推动城市滨水区的可持续发展。

（二）尊重地域文化真实性原则

尊重地域文化真实性原则强调在设计过程中应充分体现和保护当地的文化特色与历史风貌，同时也要顾及当地生态环境与社会发展的实际情况。地域文化的真实性源于特定历史时期人们的生活方式、价值观念和美学理解，这些文化元素通常根植于当地的自然环境和社会背景之中。因此，在设计城市滨水景观时，应当深入挖掘并尊重这些文化的真实面貌，避免简单模仿或过度商业化，以保持其原有的风格和内涵。

尊重地域文化真实性原则体现在以下方面。

（1）维护历史文化遗产。在设计中尊重并保护当地的历史与文化遗产，如历史建筑、古迹、传统习俗等，这些遗产是地域文化真实性的重要体现。

（2）结合历史文化遗产的特点，进行恰当的改造与再利用，使其在现代城市滨水景观中焕发新生，同时保持原有的文化氛围和风貌。

（3）反映地区特色与民俗。设计应表现地区特有的文化特色和民俗风情，如当地特色的建筑风格、民间艺术、地方传说等，使景观设计富有地域特色和文化深度。

（4）综合考虑社会发展。在尊重地域文化的基础上，考虑现代社会的发展趋势和居民的生活需求，使景观设计既反映地域文化的真实性，又适应现代社会的发展。通过多功能设计，如休闲、娱乐、教育等，滨水景观成为展示地域文化、增强社区凝聚力和促进城市发展的平台。

（三）整体性原则

整体性原则强调在整个城市生态系统的背景下进行综合考虑与规划。设计应超越滨水绿地这个单一的视角，从更广阔的城市空间布局出发，考虑滨水区与城市整体的关联性和协调性。此外，地域文化的融入不仅要展现地域的自然特色，还要体现人文精神。这要求在设计中，自然要素与人文要素相互衔接，避免冲突，共同构成城市特色的完整表达。

在具体实施中，设计应重视保护和利用现有的河道网络，实现其与城市其他水系的连通性，形成生态与文化兼备的滨水景观。同时，设计中还应考虑滨水区与周边环境的和谐一致，确保其在整体城市发展中的自然融合。通过有机地串联起城市中的各个景点和资源，设计旨在营造连续统一的滨水游线，增强游人的体验感，进而提升城市滨水景观的视觉魅力和文化内涵。整体性原则在设计中的应用，不仅促进了城市景观的和谐统一，也为城市提供了独特的文化和自然价值，体现了对城市地域文化深刻理解与尊重的设计理念。

（四）增强景观元素地域性原则

增强景观元素地域性原则在于强化景观元素的地域性，让设计深入地反映特定地区的文化特色和精神内涵。这一设计原则要求设计师深入挖掘并应用地域文化元素，不仅在表面形式上，更要在精神层面上将地域文化的精髓与现代景观设计有机结合。

在具体操作上，设计师须对地域文化进行细致地研究与分析，提取具有标志性和代表性的文化元素，如地方建筑风格、传统艺术、民俗活动等，并将其以现代设计语言重新诠释和呈现。设计中不仅要考虑景观空间的布局和景观设施的选择，更要注重文化元素与景观环境的融合，使之在视觉上和情感上都能与当地文化产生共鸣。例如，在滨水区设计中，可以通过传统建筑元素的现代演绎、当地民俗活动的空间再现、地方特色植物的种植等方式，将地域文化融入景观之中。这样的设计不仅提升了景观的审美价值，更使得景观成为展示和传承地域文化的重要平台，增强了游客的文化体验和地域认同感。

（五）文化性原则

城市滨水区作为地域文化与自然环境的交汇点，承载着城市的历史脉络和文化底蕴。地域文化的融入，不仅能够丰富滨水景观的内涵与深度，还能使其成为展示城市特色的重要窗口，连接古代与现代，促进文化与自然的和谐共生。

在设计时，应重视对城市文化特色的深入挖掘与再现，尤其是那些常被忽略的文化元素。这要求设计师运用现代设计语言，创新性地对这些文化元素进行诠释与展现，既保留其原有的文化精神，又赋予其新的时代意义。例如，在滨水区的设计中可以结合城市的传统建筑、历史事件、民俗活动等元素，通过现代的设计手法和材料的应用，这些文化元素以新颖的方式呈现，从而赋予滨水景观更多的文化气息和生命力。

同时，设计应强调文化性原则，即不仅追求视觉美感，还要注重文化内涵的传达和游客的情感体验。这样的设计能够促进游客与景观间的情感连接，增强他们对城市文化和滨水区的认同感。通过这种方式，滨水景观不仅成为城市的美丽风景线，更成为城市文化传承与发展的场所。

（六）满足人们审美需求性原则

遵循满足人们审美需求性原则，以人为核心，满足人们对美好环境的向往和心理需求。在这一过程中，设计师应深入理解和把握时代的发展脉络及社会环境变化，将传统文化与现代审美需求巧妙结合，实现历史文化的延续和传承。

首先，设计师须对当地的历史文化进行深入研究，挖掘并理解地域文化的独特性与价值，确保在设计中准确、恰当地体现地域特色。同时，需要关注当前社会审美的演变，适应时代发展的趋势，创造出能够引起公众共鸣的景观设计。其次，滨水景观设计应与人们的生活方式和审美观念相一致。这意味着设计师不仅需要关注传统文化元素，还要考虑其在现代社会中的实用性和审美效果，确保景观既具有文化深度，又能满足人们的使用需求。最后，设计师应注重创新与发展，通过现代设计语言和技术手段，将传统文化元素转化为符合当代审美和实用性的景观设计。这样的设计不仅可以增强城市滨水区的吸引力，还能够使传统文化在新时代焕发出新的生命力。

（七）以人为本原则

以人为本原则，这不仅是城市发展的必然趋势，也是现代城市规划的核心原则。具体来说，以人为本原则应包括以下几个方面。

（1）安全与亲水性的结合。在考虑滨水区的美学和功能的同时，必须确保公众的安全。这意味着在设计时需要精心处理水域与陆地的交接部分，提供安全的亲水空间，如设立警示标志、设置安全栏杆，以及合理规划游览道路，使人们在观赏水景时不会有安全隐患。

（2）交通的便捷性与连通性。城市滨水区不应成为城市空间的孤岛，而应通过合理的交通规划与城市其他区域紧密相连。这包括提供便捷的交通设施，如步行道、自行车道和公共交通连接点，确保人们能够轻松到达和离开滨水区。

（3）多功能空间的设计。滨水区应为不同年龄、职业和兴趣的人群提供多样化的活动空间。这意味着在设计中不仅要考虑休闲娱乐，还要考虑文化交流、教育和生态体验等多方面的需求。

（4）生态与文化的和谐共生。在设计滨水景观时，应充分考虑当地的生态系统和文化特色，力求在满足人们的审美和使用需求的同时，保护和弘扬地域文化，形成人、自然和文化的和谐共生。

（5）参与性与互动性。鼓励公众参与滨水区的规划和活动，通过设计互动性强的空间和设施，如展览馆、公共艺术作品等，增强人们的体验感和归属感。

综上所述，将地域文化融入城市滨水景观设计，不仅要在形式上体现地域特色，更要在功能上满足人们多元化的需求，创造出既美观又实用、既有文化内涵又具生态价值的公共空间。

（八）创新性原则

在城市滨水景观设计领域中，地域文化的融入不仅需要遵循传统的设计原则，还必须紧跟时代步伐，不断创新。创新性原则主要包括以下几个方面。

（1）文化内容的动态演进。地域文化不是静态不变的，而是随着社会变迁而发展和演化的。在设计过程中，应该重视地域文化的动态性，尊重传统，同时也要积极吸收和融合外来文化元素，以创新的方式加以表达。这种开放和多元的态度，能够使地域文化更加丰富和生动。

（2）设计表达方式的现代化。传统的滨水景观设计往往采用直接和单一的文化展示方式，如直接复制历史文化符号或事件。然而，随着科技的发展和人们审美观念的变化，这种传统方式已不能满足现代人的需求。因此，需要利用虚拟现实、人工智能等现代科技手段，以及采用国际上新兴的设计理念，创新地域文化的表达方式。例如，利用互动装置让游客体验历史文化，或者运用多媒体技术展现地域文化的多维度和深层次。

（3）科技与文化的结合。在滨水景观设计中，地域文化与现代科技的结合尤为重要。这种结合不仅可以增强景观的吸引力和互动性，还能使地域文化在新的技术环境中焕发新的生命力。例如，用增强现实技术使历史场景“复活”，或者利用灯光和声音的交互设计增强游客的沉浸感。

总的来说，地域文化的融入与创新是城市滨水景观设计的重要方向。通过不断地创新和适应时代变迁，滨水景观设计既保留了地域文化的精髓，又展现了现代设计的魅力，从而为城市增添独特的文化景观。

五、地域文化融入城市滨水景观设计的表现手法

在城市滨水景观设计的过程中融入地域文化，其展现手法的选择至关重要。这不仅涉及如何从地域的自然条件、建筑特色、生活习俗等提炼文化元素，还关乎如何将这些元素以具有创造性和现代性的方式融入景观设计，从而丰富景观空间的类型，为游客提供多样化的文化体验空间。以下是几种常用的地域文化融入滨水景观设计的手法。

（一）保留与再现

保留与再现这种方法旨在通过现代设计手法对地域文化景观进行形象的再现。它不只是对传统文化的复制，而是在保持传统文化精神和基调的前提下，结合现代技术和材料进行创造性地重塑。通过这种方式，历史事件和文化特征在现代环境中得以再现，从而增强人们的文化体验和认同感。例如，以《清明上河图》为灵感源泉的文化主题公园，就是通过现代设计手法和技术，再现了千年前汴京城的市井文化。

（二）提炼与抽象

提炼与抽象涉及从地域文化中精选具有代表性的文化元素，经过艺术处理，突出其核心内涵，同时保持与原文化特质的相似性和连贯性，从而展示文化的精髓。提炼与抽象的过程是一种从复杂到简单、从具体到概括的艺术转换，其目的在于突出地域文化的主体元素，去除不必要的细节，使得文化表达更加生动和有力，同时赋予景观更强的视觉冲击力和文化深度。

例如，西安戏曲大观园中对陕北乡土戏曲元素的运用，就是通过提炼和抽象处理，形成了富有地方特色的“脸谱”文化符号。这种设计不仅保留了陕北戏曲的精髓，而且运用夸张的艺术表达方式，增强了景观的文化氛围和艺术感染力，使之成为体现地域文化特色的重要符号。

另一个例子是苏州博物馆，贝聿铭先生从苏州园林中提炼出的假山元素，被巧妙地抽象为“假山片石”。这种设计融合了苏州园林的传统美学精髓与现代艺术创新手法，创造出一种新的视觉和文化体验。通过这种艺术化的抽象，苏州博物馆的景观设计成为一幅立体的水墨山水画。

（三）对比与融合

对比与融合的表现手法是一种重要的设计策略。这种手法通过将差异性极大的景观元素并置，或是将现代与传统元素相结合，来强化景观的视觉冲击力和文化内涵。

在对比的表现手法中，设计师将不同色彩、材质或风格的景观元素放置于相同的环境中，从而突出特定元素的独特性和美感。这种差异化的并置不仅能够吸引游客的视线，更能让游客在视觉和情感上留下强烈的印象。例如，在张家港小城改造项目中，江南水乡的传统亭榭、片墙和水乡码头与现代的咖啡馆、展览馆等现代元素形成对比，这种对比不仅凸显了景观各自的特色，同时也反映了地域文化的多样性和时代变迁。

融合则是一种更为细腻和谐的处理方式，它是将现代元素与传统景观融为一体，创造出既保留地域文化特色，又符合现代审美的景观空间。在这种设计中，新旧元素的相互交织与融合，旨在强调文化的连续性和发展性。设计师在保留地域文化的同时，引入现代元素，使整体景观既显示出历史的厚重感，又不失现代的活力。例如，在张家港小城改造项目中，将传统江南水乡风貌与现代建筑风格结合，不仅保留了地域特色，同时也展现了城市发展的新面貌。

综上所述，对比与融合的表现手法在城市滨水景观设计中发挥着关键作用，不仅强化了景观的视觉效果，也丰富了城市的文化内涵。通过这种设计手法，有效地展示了城市独有的历史文化，同时也为公众提供了丰富多样的体验空间。

（四）重构与创新

重构和创新手法不仅关注对文化遗迹的保护性改造，也注重将传统文化与现代设计理念相结合，创造出既反映历史文化特色又符合现代审美的景观空间。

城市中的文化古迹往往承载着丰富的历史信息和文化价值，但随着时间的流逝和自然环境的影响，这些文化古迹可能逐渐失去原有的光彩。因此，在滨水景观设计中，对这些文化古迹进行保护性重构和现代化改造变得尤为重要。设计师须在保留文化古迹的原有特色和文化内涵的基础上，引入现代设计元素和新型材料，赋予其新的时代特征。这不仅是对单一文化元素的改造，而是对整个景观环境质量的提升，使滨水区呈现出新的活力，营造出符合现代城市特性的开放共享空间。

在滨水景观的设计中，材质的创新和现代科技的运用能够增加景观的视觉冲击力和艺术性。例如，在西安大唐芙蓉园，设计师创新地使用了玻璃材质来制作唐代仕女的雕塑，这种材质的选择不仅打破了人们对雕塑材料的传统认知，还赋予了雕塑更加细腻和生动的表现力。特别是在夜晚，借助灯光的照射，这些玻璃雕塑显得更加通透而充满艺术感，为游客提供了独特的视觉体验。

综上所述，重构与创新手法在滨水景观设计中的运用不仅体现了对传统文化的尊重和保护，也体现了现代设计理念和科技的融合。通过这种手法，在保留地域文化特色的同时，创造出既美观又实用的现代城市空间。

（五）隐喻与象征

隐喻与象征的运用是一种将文化内涵和地域特色巧妙融合于景观设计中的手法。这种手法通过对具体事物的象征性解读，使景观不仅是视觉的呈现，更是文化和情感的传达。

隐喻的运用使景观元素具有叙述性，使其能够“说话”。例如，通过特定的建筑形态、植被配置或水体设计，隐喻性地表达某种文化理念或历史故事。隐喻的运用旨在通过景观的外在形态，映射其深层的文化内涵，从而让游客在观赏景观的同时，引发对其背后含义的思考。

象征手法在景观设计中常借助具体的自然或人造元素，如建筑、植物、水体等，传递某种深层次的意义或价值观念。在中国古典园林中，如“一池三山”的布局象征着道教中的仙岛，竹子象征着坚韧不拔的品质，梅花则代表着坚贞不屈的精神

现代景观设计应深入理解地域文化的内涵，提取具有象征性的元素，构建有代表性的符号。例如，在现代景观设计中直接引用传统文化符号，如某一历史人物的雕塑或某种文化象征的图案，同时设计这些符号的外在视觉形象与文化内涵之间的联系。这种设计方式不仅体现了地域文化的独特性，也增强了景观的艺术性和深度，使游客在欣赏美景的同时，能够感受到更为丰富和深刻的文化氛围。

综上所述，隐喻与象征的运用在城市滨水景观设计中不仅丰富了景观的视觉效果，更重要的是传达了深层的文化意义，为城市景观增添了更多的文化内涵和情感价值。

六、地域文化融入城市滨水景观设计的表达载体

（一）地形地貌

地形地貌作为一种重要的表达载体，其在滨水景观设计中的运用极为关键。它不仅为滨水景观设计提供了自然的基础框架，还能够传递出独特的地域文化信息。设计时应考虑地形的原始特征，以及它们如何与城市的历史、文化相结合。例如，利用山地、河流、海岸线等自然地貌作为设计元素，塑造出一个既具有自然美感又充满文化氛围的滨水空间。

外滩不仅是上海市的标志性景观之一，也是一个将城市历史、文化与自然景观完美结合的典范。外滩的设计充分体现了上海作为国际大都市的历史与文化特色，同时展示了现代城市设计的创新。外滩位于上海市黄浦江畔，历史上一直是上海市的经济和贸易中心。滨水区的设计精心保存了 19 世纪末至 20 世纪初的欧式建筑群，这些建筑不仅是上海市近代历史的见证，也成了上海市独特的城市景观。在保留历史建筑的同时，外滩的设计还注重现代化的城市规划。广阔的滨江步道、绿地和公共艺术作品的设置，使这一区域成为市民和游客休闲娱乐的理想场所。

外滩的设计理念是融合传统与现代、自然与城市。一方面，通过保护历史建筑，外滩保存了上海市的历史记忆和文化遗产；另一方面，通过现代景观设计手法，如照明、绿化和公共艺术装置，外滩展示了上海市作为国际化大都市的活力和创新精神。这种设计不仅增强了城市空间的美学价值，也为公众提供了了解和体验上海历史文化的平台。

外滩的成功在于其是一个集历史、文化、自然和现代生活于一体的综合性公共空间。这样的设计充分体现了地域文化融入城市滨水景观设计的重要性，成为城市设计和文化传承的典范。通过这种设计，外滩不仅成为上海市的一张名片，也展示了这座城市丰富的文化底蕴与悠久历史。

总之，通过将地域特色与自然地貌紧密结合，设计师可以创造出既能展示地区文化特色，又能满足现代城市发展需求的滨水景观。这种设计不仅增强了城市的文化底蕴，也提升了公众对城市历史与自然环境的认知和欣赏。

（二）植被条件

在城市滨水景观设计中，植被的运用不仅是景观美化的基本手段，更是体现和传达地域文化特色的重要载体。不同的地理环境孕育出各具特色的植物群落，这些植被不仅反映了城市的自然条件，还蕴含着丰富的文化内涵和城市精神。例如，南京的梅花以其凌寒傲雪、高洁傲岸的性格特征，象征着这座城市自强不息、厚积薄发的城市精神。洛阳的牡丹则以其雍容华贵、国色天香的形象，不仅象征了纯洁的爱情，也诉说着洛阳曾经的富丽与辉煌。

在城市滨水景观设计中，应充分考虑乡土植物的选择和应用。乡土植物，指的是在特定地区的气候、地形等自然条件下，经过长期自然选择和进化形成的植物群落。这些植物不仅适应性强、生命力旺盛，而且在文化层面上，它们承载着该地区的历史记忆和文化特色。在滨水景观设计中运用乡土植物，不仅有利于维护生态平衡，减少对自然环境的干扰，还能够更好地体现出地域文化的特色。

通过在滨水景观中巧妙地搭配不同种类、不同层次的植被，营造出富有意境的文化氛围，增强景观的文化内涵和审美价值。例如，通过植物的色彩、形态和花期的变化，反映出城市的四季变换，增强人们对自然规律的感知，同时也能让人们在欣赏自然美景的同时，感受到城市的历史文化底蕴。

（三）雕塑

在城市滨水景观设计领域，雕塑作为一种重要的表达媒介，不仅丰富了景观的视觉效果，更成为地域文化特色传递的重要载体。雕塑以其直观性和互动性，为景观设计增添了生动的文化元素和强烈的视觉焦点。

雕塑的造型、材料和主题的选择，都与地域文化紧密相连。在城市滨水区，雕塑不仅是一种装饰元素，更是一种文化符号，反映了该地区的历史、传统和社会价值观。雕塑的设计和布置，旨在创造一个有活力感的空间，同时增强景观的文化氛围和象征意义。

以鹤壁市淇水诗苑公园为例，淇水诗苑中的“诗经长卷”也是一个极具创意的例子。“诗经长卷”是一个长约 60 米的大理石作品，以中国传统竹简的形式展现，上面镌刻着产于淇河流域的《诗经》内容。这种设计手法不仅展现了古代文化的魅力，也为现代景观设计提供了新的视角和灵感。这种诗歌与雕塑艺术相结合的创新表达方式，使景观空间更加生动有趣，充满历史的厚重感和文化的深度。

总的来说，在城市滨水景观设计中，通过雕塑的引入，可以有效地传递地域文化，增强景观空间的文化内涵，同时为市民提供与艺术互动、感受地域文化的机会。雕塑的运用不仅可以是美化环境，更是一种深刻的文化和情感的表达，为城市滨水区增添了独特的艺术气息和文化价值。

（四）地面铺装

在城市滨水景观设计中，通过清晰的边界、鲜明的图案、丰富的色彩和质感，地面铺装不仅美化了环境，还深刻地展现了当地的文化特色和历史底蕴。

地面铺装的设计应当基于对当地历史文化的深入研究，提炼出能够代表该城市特色的文化元素，然后通过铺装上的图案、色彩和纹样等来展现。这样的设计不仅丰富了景观的文化内涵，也增强了景观的视觉吸引力和文化识别度。铺装材质和风格的选择应考虑与周边环境的和谐统一，以及本地居民的审美喜好，从而确保景观设计的整体协调性和亲和力。

济宁经济开发区的郗鉴湖公园是一个典型的例子。在公园的地面铺装设计中，巧妙地融入了《论语・子张》中的儒家名句“博学而笃志，切问而近思”。这种设计手法不仅提炼出了儒家文化的精髓，还形成了一种文化符号，使之成为地面铺装的一部分。这样的设计不仅体现了济宁这座文化古城的儒雅气质，也使得整个公园的儒家文化氛围更加浓厚。苏州的拙政园也是一个很好的例子。园内的地面铺装上，有蝙蝠、莲花、仙鹤等图案，这些图案淡雅自然，与周围的环境十分契合。这不仅体现了设计师对苏州园林文化的深刻理解，也展现了设计师对地域文化的尊重和传承。

总的来说，在城市滨水景观设计中，通过精心设计地面铺装，可以有效地传达地域文化，提升景观的文化内涵，同时也为游客提供了一种富有文化氛围的体验空间。这种设计不仅美化了城市环境，更是一种文化的传承，为城市滨水区增添了独特的魅力。

（五）园林建筑

园林建筑的种类繁多，包括廊、榭、舫、轩、亭、台、楼、阁等，每种建筑形式都承载着特定的文化意义和审美价值。它们在滨水景观中不仅起到了美化环境、吸引视线的作用，还是人群聚集的空间节点。不同地域的园林建筑，如皖派建筑的青瓦白墙、砖雕门楼，展现了其清幽淡雅、尊贵的风格；苏派建筑则以山水环抱、曲径通幽的园林式布局著称，彰显了江南水乡的清新雅致；岭南园林建筑则以精致细腻为特点。北方的园林建筑，如京派建筑，以其敦厚稳重、粗犷豪放的特色显著；而江南地区的园林建筑则以精美细腻、清新优雅见长。这些风格各异的建筑，不仅展示了各自地域的建筑艺术和文化内涵，还成为地域文化的重要象征。

在城市滨水景观的设计中，充分融入地域性的园林建筑元素，对展示地域特色和增强景观的文化气息至关重要。设计时应直接再现地域内的建筑风格和形式，原汁原味地展示地域特色，同时还需注意与周边景观的和谐统一。这种设计方法不仅能够提升景观的文化内涵，还能加深人们对地域文化的认识和感受，从而在增强城市滨水区的美观性的同时，也强化了其文化传承的功能。

（六）水体

水体在城市景观中的作用不仅体现在其自然属性上，更在于其作为城市文化脉络和灵魂的重要地位。在进行滨水景观的设计时，应当深入挖掘和理解水体与该地区历史文化的联系。每座城市都有其独特的水文化，这种文化不仅反映在河流、湖泊的自然形态上，更蕴含在水体与人类活动的互动之中。因此，设计时不仅要考虑水体的自然属性和美学价值，还要深入探索其历史文脉和文化内涵。

此外，对于城市中的码头、船只等水体相关设施，应当加以保护和合理利用。这些设施不仅是城市历史的见证，也是文化传承的重要载体。通过保护和利用这些历史遗迹，可以增强城市滨水景观的文化深度，使之成为连接过去与现在的桥梁。

总而言之，水体既是自然景观的组成部分，又是文化传承和展示的平台。通过对水体及相关文化设施的深入研究和巧妙设计，城市滨水区不仅成为人们休闲娱乐的场所，更成为展现城市历史文化魅力的重要空间。

第三节　基于中原地域文化的滨水景观设计

一、中原地域文化的概述

（一）中原地域文化的特征

中原地域文化，作为中国文化的重要组成部分，有着深厚的历史底蕴和多元化特征。这一地区的文化生态，由众多不同特质的文化个体构成，它们之间相互联系、相互作用，共同构成了一个动态发展、共存共生的文化网络。中原地域文化的价值，不仅体现在其单一文化个体上，更在于其对整体社会及他人的影响。

中原地域文化的主要特征可以概括为以下几点。

（1）口传文化。中原地区的口传文化丰富多彩，包括民间故事、演唱艺术、社会风俗习惯等，这些文化形式以其独特的传播方式，成为中原地域文化的重要组成部分。豫剧作为中国五大剧种之一，在中原地区具有深远的影响力，成为当地民众精神文化生活的重要组成部分。

（2）文字符号。中原地域文化以其独特的文字符号为标识，其中包括中国最古老的文字——甲骨文。中原地区历来人才辈出，留下了无数传世的艺术、文学作品和书画诗集，这些作品不仅丰富了中原地区的文化内涵，也为丰富世界文化遗产作出了重要贡献。

（3）技术工艺。中原地区的技术工艺历史悠久，众多王朝在此定都，留下了丰富的文化和艺术遗产。这些技术工艺不仅展现了古代的技术和美学成就，也是中原地域文化的重要体现。

（4）英雄人物。中原地区自古以来英雄辈出，无论是历史记载还是文学作品中，都流传着与中原有关的英雄人物，这些英雄人物展现了中原地区的人文精神。

（二）中原气候

中原地区的气候特征对滨水景观设计具有深远的影响。作为连接中国南北的重要地理分界，中原地区拥有典型的温带季风气候特点。这里夏季表现为高温多雨，而冬季则以寒冷干燥为主，这种鲜明的季节变化和明显的大陆性气候特征，为植物生长提供了独特的条件。

在城市滨水景观设计中，中原地区的气候特点应被充分考虑。这种气候为南北方植物的共存创造了可能，使得景观设计可以融合南北方的植物特色，创造出独有的中原气候景观。例如，可以选择在滨水区种植既能适应夏季高温多雨，又能耐受冬季寒冷干燥的植物，以此来展现中原地域气候的独特性和多样性。

因此，在进行滨水景观设计时，应充分利用中原地域的气候条件，选择合适的植物种类和布局方式，以创造出既适应地域气候，又能展现地域文化特色的景观。这种设计不仅能够提升景观的美观性和生态性，还能深刻地体现中原地域的自然特征和文化内涵。

（三）中原地域文化在城市滨水景观中的体现

中原地域文化在城市滨水景观设计中的精妙融入，深刻地展示了其“博大、端庄、深邃”的文化精髓和“天人合一”的哲学思想。

1. 文化的浓缩

中原地域文化的深厚底蕴，源自其悠久的历史和文化沉淀。中国古代君主选择在此定都，中原地区因而成为中国文化的中心之一。在这片土地上，无数的历史故事、英雄人物和文化传说交织成一幅丰富多彩的历史画卷。炎黄文化和黄河文化是中原地域文化的重要组成部分，这两大文化展示了中原地区对中华文明的重要贡献。

新郑的始祖山，作为中华儿女共同的祭祖地，每年的祭祖大典展示了中原人民对于祖先文化的尊重和认同。将这种文化的凝聚力融入城市滨水景观设计中，也可表明对历史与文化的尊重和传承。

黄河作为北方的“母亲河”，在城市滨水景观设计中不仅是自然的象征，更是文化和历史的载体。“黄河母亲”雕塑作为一种文化象征，展现了黄河对中原地区及其居民的哺育与养育作用。

2. 提取文化符号

提取文化符号是对地域文化素养的深思与升华，通过提炼和重塑，形成具有独特个性和活力的历史、文化与自然的综合体。例如，殷墟博物馆的设计就是对中原地域文化符号提取的典型案例。该博物馆基于对安阳殷墟的考古发掘，特别是殷商甲骨文的发现，凸显了殷商文化在中原乃至中国历史上的重要地位。为了纪念殷商文化的历史贡献，设计师设计了这座具有强烈标识性的建筑景观。这不仅是对古代文化的致敬，也是对现代城市景观的一种文化融入与创新。

通过这样的设计，殷墟博物馆成了安阳乃至整个中原地区城市景观的亮点。这种设计方法体现了中原地区在滨水景观设计中对历史和文化的尊重与继承，同时也展现了对传统文化的现代诠释和创新。这样的文化符号提取，不仅丰富了城市的文化内涵，也为市民及游客提供了深入理解当地历史文化的途径，增强了城市文化的魅力和影响力。

3. 历史呈现

历史呈现这种设计方法旨在通过保留和修复历史遗址，再现该地域深厚的历史底蕴，并创造出类似原有历史环境的文化氛围。这种做法不仅是对历史景观的局部复原，更是对历史和文化的尊重与传承。

具体而言，这种设计手法包括对重要的文化价值节点进行景观恢复，以体现某一特定历史时期的社会风貌。这种方法在体现历史文脉的同时，也适应了人们的生活需求和景观环境。虽然这些景观在功能上可能已经发生了变化，但在美学价值上，它们成为现代城市中历史复古的意向性空间。例如，郑州商城城墙遗址是对中原地域文化历史呈现的典型例子。这个遗址不仅展示了商代的历史纹理，也向人们传递了那个时代的文化气息。其中的石磨堆更是向世人展示了以农业为主的中原人民的勤劳精神。

通过这样的设计，人们可以在现代城市的环境中，近距离地接触历史，领略城市在朝代更迭中带来的沧桑美感。同时，这样的景观还能与现代建筑群落形成鲜明的对比，给人们带来强烈的视觉和心灵的冲击。这种设计方法不仅丰富了城市景观的文化内涵，也为市民提供了一个深入理解和体验地域历史文化的空间。

二、中原大城市和小城市滨水景观设计的区别

在中原地区的大城市和小城市中，滨水景观设计呈现出一定的差异性。具体体现在以下方面。

（一）休闲硬质空间的规模差异

在中原地区的大城市和小城市的滨水景观设计中，一个显著的区别在于休闲硬质空间的规模差异。这种差异反映了城市人口规模和人流动态的不同。在如郑州、洛阳这样的大城市，由于人口密度大、流动群体多，滨水景观设计往往需要考虑更大规模的休闲硬质空间，以满足市民的休闲需求。这些场地通常设计尺度较大，硬质比例较重，功能性和集聚性较强。相比之下，小城市由于人口相对较少，其滨水景观中的休闲硬质空间相对较小，分布更加分散，更注重提供亲水、休憩的环境。

（二）景观建设细度的差距

尽管大城市与小城市在固有文化特征上存在差异，但更显著的区别在于景观建设的投资和细节处理上。

具体而言，中原地区的大城市如郑州和洛阳，由于其较高的城市定位和较充

裕的资金投入，通常在市容市貌改善和市民生活环境提升方面的景观建设上投入更多。这种投资优势不仅反映在滨水景观的总体建设规模上，更体现在施工的成本和精细度上。相较之下，小城市在景观建设上的资金投入相对有限，这直接影响了滨水景观建设的质量和细节处理，进而造成了大城市滨水景观在品质上具有所谓的“高档”感。

因此，中原地区大城市和小城市在滨水景观建设上的主要差异，除了休闲硬质空间的规模差异，还在于经济投入和建设细度上的差距。大城市由于经济实力较强，能够在景观建设中投入更多资源，保证更高水平的设计和施工质量。而小城市则需要在有限的经济条件下，更加注重成本效益，寻求既能体现地域文化特色，又能适应经济条件的景观设计方案。这一现象在城市滨水景观设计领域，反映了经济发展水平与城市文化展示之间的复杂关系。

三、中原地域文化在漯河市沙澧河滨水景观设计中的体现

漯河市是中原文化的重要辐射地区。这里的生活习俗深受中原文化的影响。在漯河市沙澧河风景区的滨水景观设计中，中原文化元素的融入体现了该地区深厚的文化底蕴，设计师主要通过硬性空间设计和人的主观能动性参与这两种形式来展现。

（一）硬性空间设计的体现形式

在沙澧河风景区的设计中，文化元素作为设计的基点，被巧妙地融入景观设计之中。例如，考虑到河南省是豫剧的发源地，设计师特别规划了梨园春广场，以满足当地居民对娱乐文化的需求。同时，考虑到象棋在中原地区的流行，还设计了以象棋为元素的象棋广场。此外，如龙柱、地雕等标志性元素，也是中原文化在滨水景观中的体现，向人们展示着中原地域独有的文化风采。

（二）人的主观能动性参与体现形式

中原文化在滨水景观中的体现还依赖于人的主观能动性参与。这意味着景观设计不仅是空间的布局，更是一种文化体验的创造。通过组织各种与中原文化相关的活动和节庆，如传统戏剧表演、象棋比赛等，景观空间成为文化交流和体验的场所，游客和居民亲身参与，体验中原文化的魅力。

综上所述，漯河市沙澧河风景区的滨水景观设计不仅考虑了人与自然的和谐，更深刻地融入了中原地区的文化特色，通过空间设计和活动策划的结合，使其成

为中原文化传承和展示的重要窗口。这种设计不仅美化了城市环境，也为市民和游客提供了丰富的文化体验，提升了城市的文化内涵和吸引力。

四、中原地域文化在郑州市郑东新区的如意湖设计中的体现

（一）项目概况

郑州市郑东新区的如意湖展示了中原文化与现代城市滨水景观设计的深度融合。它不仅是一个自然景观，更是一个融入了中原地区丰富文化元素的城市标志。如意湖的设计灵感来自中国传统工艺，其形状很像中国传统工艺中的如意，这不仅是设计上的创意，更是对中原文化的一种致敬。作为郑东新区的核心景观，如意湖不仅有交通设施、水景表演系统和休闲娱乐设施，还成为城市居民日常休闲游憩的理想场所。

（二）设计理念

如意湖的设计虽然展现了自然之美，满足了市民的休闲需求，但在体现中原历史文化方面还有提升空间。为了更好地融入中原文化，建议增加对自然材质如石料的运用，并优化空间布局，加强人与自然的互动。这样的设计不仅能够提升如意湖的美学价值，还能体现中原地区的历史文化。

（三）总体设计定位

如意湖被视为郑州市的生态名片和城市客厅。通过生态修复和景观提升，该项目不仅致力于打造一个生态友好、功能多样的休闲环境，同时也成为展示城市历史文化的窗口。在这里，市民不仅能享受自然的宁静，还能深刻感受中原文化的魅力。

（四）绿化专项设计

如意湖项目在绿化设计上强调生态优先，广泛使用本地植物，形成了多样性和季节变化丰富的植物群落。设计团队特别注重植物配置的艺术性和功能性，致力于打造既美观又实用的绿色空间。这样的设计不仅美化了城市环境，还提升了市民的生活质量。

如意湖的打造，不仅提升了城市生态环境，还为市民创造了一个美丽宜人的休闲空间。如意湖未来的发展将更加深入地融入中原文化，成为郑州市文化认知和历史底蕴的重要体现。

第五章　治理之美——基于“双碳”目标的城市滨水景观设计

本章基于“双碳”目标的城市滨水景观设计，旨在探讨这一策略对城市滨水区的治理和景观设计所带来的影响。如今，应对气候变化和碳减排已成为全球性的挑战，城市滨水区作为城市的重要组成部分，其治理和设计需要兼顾环保和碳减排。本章为城市滨水区的景观设计提供了创新的理论和实践研究，有助于实现城市滨水区的可持续发展和环保治理。通过本章的研究，可以更好地理解“双碳”目标与城市滨水景观设计的互动关系，为城市规划者和设计师提供新的思考和方法。

第一节　“双碳”目标相关概念阐述

一、“双碳”的概念及发展来源

（一）概念解析

“双碳”是碳达峰与碳中和的简称，即在一定时间内二氧化碳的排放不再增长达到峰值，完成第一个阶段，后期逐步降低二氧化碳排放量，实现人为排放源与人为吸收汇达到平衡，达到相对“零排放”，完成第二个阶段。“双碳”的核心宗旨是倡导绿色环保、低碳生活，缓解人类活动导致的全球变暖所带来的一系列气候问题，并实现能源转型，实现长久可持续发展。

（二）发展来源

1992 年，联合国大会通过《联合国气候变化框架公约》，该公约确定工业化过程中的温室气体排放是气候变化的主要原因，过多温室气体排放的主要源头是发达国家，发达国家有义务承担减少温室气体排放的任务。1997 年，《联合国气候变化框架公约》的参与国在日本京都签订的《京都议定书中》提到，将大气中的温室气体总量保持在一个稳定的水平上，从而预防可能危害人类的突发性气候灾害，对主要发达国家到 2012 年必须减少的温室气体的种类、减排时间表和数量等作了具体规定；同时确定发达国家应当在 2005 年开始承担应尽的减排义务，发展中国家在 2012 年承担减排义务。2015 年，在巴黎气候大会上全球各国相继承诺把全球平均气温的涨幅控制在 2 摄氏度之内，争取控制在 1.5 摄氏度之内，并于 21 世纪下半叶在全球实现碳中和，正式拉开“双碳”目标的序幕。

2020 年 9 月，中国明确提出 2030 年“碳达峰”与 2060 年“碳中和”目标。

2022 年 8 月，科技部、国家发展改革委、工业和信息化部等 9 部门印发《科技支撑碳达峰碳中和实施方案（2022—2030 年）》，统筹提出支撑 2030 年前实现碳达峰目标的科技创新行动和保障举措，并为 2060 年前实现碳中和目标做好技术研发储备。

二、相关理论

“双碳”目标的本质是以温室气体的正负抵消来实现相对“零排放”的目标，目前我国主要供能方式为火力供能，景观建设等人类活动不可避免会消耗大量化石能源，产生温室气体的排放，所以在“双碳”目标下的城市滨水景观设计中重点应当分析能源的消耗、吸收与转型三方面。城市滨水景观的建设过程中许多方面的能源可以减少消耗，如材料生产的工艺耗能、运输中的车辆能源消耗、建设中的设备能源消耗等，要深入研究还需要具体分析和讨论与碳达峰、碳中和密切相关的景观设计理论。

（一）可持续发展理论

可持续发展理论是在人口、经济、城镇化、灾害、资源等构成的环境压力下产生的。人类逐渐转变想法，竭泽而渔是不可取的，只有合理均衡的可持续发展才可以让人类长久地生存。

研究城市滨水景观设计的可持续发展理念，就必须提及节约型景观和低碳景观。两类景观都是可持续发展理论在城市滨水景观实践应用中的代表，节约型景观的核心在于以最少的土地、水资源、资金来建设对周边环境影响最小的景观；低碳景观的核心在于减少碳排放、增加碳汇量，缓解气候变暖。低碳景观与节约型景观具有很多共同点，低碳理念本身包含着节水、节电、节材的观念。结合二者的技术体系进行对比，可以发现它们在资源、能源、环境保护和有效利用上都有共同点。

碳中和与可持续发展是相辅相成的关系。生态环境的可持续发展是人们生存环境的基础，城市滨水景观应当发挥自身的优势，减少城市发展的碳排放，避免非必要的资源、能源浪费，提升景观的固碳能力，重视景观系统的自我更新和修复。

（二）循环经济理论

20 世纪 60 年代，循环经济理论由美国经济学家波尔丁提出，其重点在于回收资源、再利用初级资源、避免浪费和减少污染。循环经济理论的核心思想是物质资源的闭环流动，将原本“资源—产品—废弃物”的开放型物质流动模式转变为“资源—产品—再生资源”的反馈式模式，实现节约、高效、节能的循环利用模式。循环经济理论的核心，即遵循 3R 原则。3R 原则既是循环经济理论的基础，也是循环经济理论的内涵体现。3R 原则是指减少用量、反复利用和废物循环。其中减少用量是指减少资源和能源的使用量；反复利用是指可以重复利用；废物循环是指可以回收处置，重新投入新的使用周期。

在城市滨水景观设计中，在顺应自然发展规律的条件下，提升废弃物的再利用，减少景观材料更替等产生的碳排放，增加回收材料的使用占比，有效降低材料浪费所产生的碳排放。

（三）全生命周期理论

全生命周期理论虽然起源于固定资产领域，但已经逐步推广应用于各个行业。这一理论自 1990 年以来一直被用于建筑业，并成为评估建筑环境影响的重要理论工具。城市滨水景观设计作为一项重要的人类建设活动，与建筑有很多相通之处。参考建筑施工流程，景观生命周期可分为 4 个阶段：景观材料的生产、建造、维护和更新阶段。根据冀媛媛等学者的分析，景观的建造阶段和更新阶段的碳排放量相对较低，这使得景观材料生产和维护阶段的碳排放量成为决定景观是否能实现低碳目标的关键因素。综合考虑一个景观从建设到拆除的各类碳排放与碳吸收，并进行估算，这对景观设计至关重要。

（四）景观生态学理论

景观生态学属于一个新的交叉学科。由于全球性资源问题愈发严重，1938 年德国地理植物学家卡尔·罗伯特提出了景观生态学这一概念，其核心是协调人类与景观的关系。肖笃宁等学者认为，景观生态学的特点是在中观层面上研究景观结构和生态过程之间的关系，因为它具有综合性、整体性和宏观区域性的特点，能够通过分析和解释、综合和评价景观的特点，提出最佳方案。景观生态学的根本目的是协调景观内部的人们的社会活动与景观生态特征在时间与空间的耦合，达到既可以持续发展，也可以保护环境，还可以提升环境质量，同时保证资源开发的合理化，正确处理生产与生态的关系，把控开发速度、规模、环境容量和承载力。景观生态学的研究范围较大，将各种生态系统叠加，组成景观的空间结构、作用联动、功能协调与变迁发展的一个生态学新分支。“双碳”目标下的城市滨水景观设计需要基于景观生态学，从宏观的角度进行生态设计，使城市景观建设与生态过程相协调，尽量使其对环境的影响破坏达到最小。

综上所述，基于“双碳”目标的城市滨水景观设计应当考虑景观的生态基础，综合考虑景观的设计、建造、使用、维护与回收等各个方面的碳排放值，同时结合循环设计思路将城市滨水景观建设为可持续发展的景观。

三、“双碳”目标与风景园林的联系

风景园林作为既可以减少碳排放，又可以增加碳封存的设计专业，自然应当承担起自己的“双碳”责任。“双碳”目标虽然为风景园林专业提供了全新的机遇，但也带来了巨大的挑战。

落实“双碳”目标，首先需要分析其源头，其根本源头在于解决温室气体排放问题，通过 2021 年比尔·盖茨出版的《气候经济与人类未来》一书了解到，大气中约有 510 亿吨的温室气体由人类排放，这些温室气体主要来源于电力的生产与储存、工业生产和制造、种植和养殖、交通运输和制冷取暖五大类。而城市景观或多或少可以影响这些方面：一是构建便利舒适的城市绿道网络减少交通和运输的碳排放量；二是通过植被设计减少种植中的碳排放量；三是设置绿色能源的景观设施（如自给自足的管理用房以及太阳能路灯）减少电力的生产与储存的碳排放量；四是选择绿色材料减少工业生产和制造的碳排放量，五是改造制冷取暖设备，减少取暖和制冷的碳排放量。

目前风景园林中关于碳中和的理论研究较少，主要集中于增加碳汇和减少碳排放量两方面。学者李倞等提到，目前碳中和目标下的风景园林主要从直接减源、增加碳汇和间接减源 3 个方面展开，并提出 55 项系统、全面、可行的设计策略方法。无独有偶，学者王敏等也提出以固碳增汇、降温减排、绿色慢行 3 个方面作为风景园林的碳中和实现路径，分析城市绿地的特征与碳中和的关联，再从总体规模、分布布局、几何形态、植物配置、场地使用 5 个方面具体研究城市绿地影响碳中和的关键因素。

综上所述，碳中和与风景园林的联系机制是从增汇、减碳这两个主要方向展开的，进一步细分风景园林影响“双碳”目标的具体因子为：植物的增加碳汇、优化各类景观设施直接减碳和引导人群行为间接减碳。

故本书延续上述思路，将从 3 个角度论述以“双碳”为目标的城市滨河景观设计，即增加碳汇、直接减碳、间接减碳。从这 3 个角度进行分析梳理，再进一步落实具体的景观设计方法，总结基于“双碳”目标的城市滨水景观设计策略。

四、基于“双碳”目标的城市滨水景观

（一）基于“双碳”目标的城市滨水景观设计要素

下文以风景园林的六要素结合城市滨水景观设计要素展开论述，分析城市滨水景观中应当重点关注的设计要素。若曼・K・布思在他的著作《风景园林设计要素》中确认景观设计的 6 个要素，即地形、植物、建筑、铺装、构筑物和水。

1. 地形

地形指的是地表的样貌，它可以直接影响外部空间形态特征、排水效果、气候环境与场地功能等，同时也可以给予人们不同的空间感受。地形与减少碳排放量的联系主要在于景观设计师在设计方案的过程中，减少塑造人工地形产生的土方量变动，从而减少碳排放量。

2. 植物

植物指的是各类人工栽培或野生的植物，可提供空间围合功能、环境优化功能和丰富景观美观度的功能。植物是六要素中唯一可汇聚大量碳汇的设计要素，而人工种植的植物也可通过降低运输距离和减少更替植株减少碳排放量。

3. 建筑

建筑指的是满足人们社会生活需求且人工建造而成的房屋等建筑物，具有构成限制室外环境、影响视线、改善微气候等作用。建筑通过使用可循环材料提升可循环性，增加立体绿化提升建筑内部能源利用，安装清洁能源设施弥补场地能源消耗。

4. 铺装

铺装指的是由自然资源加工或者人为生产的硬质铺地材料。铺装通过使用可回收材料提升可循环性。

5. 构筑物

构筑物指的是台阶、栅栏、灯具等具体的园林设施，这些设施可以根据本身的特性助力碳中和，使用节能设施提升能源利用率，降低运输距离及减少生产工艺复杂度减少碳排放量。

6. 水

水是景观中的自然设计要素，可提供灌溉、调节气候、控制噪声及提供娱乐等功能。水可以利用水的动能、势能提供部分清洁能源，一定程度上降低了化石能源消耗。

（二）“双碳”目标与城市滨水景观结合的潜质

1. 空间连续性

从整个自然生态系统来看，城市河道虽然地处城市之中，但往往连接着森林和湿地两大碳库，城市滨水景观的健康程度关系着沿河环境的方方面面，一个生态绿色、可持续的城市滨水景观对于人类居住环境尤其重要。从整个城市角度来看，城市滨水景观往往是贯穿城市的主要线性空间，是作为整个城市的绿色廊道存在，它对植物碳汇有重要作用。

2. 绿色契合度

“双碳”目标的根本目的是增汇、减排，其中增汇的最主要手段就是从植物入手。城市由于人工建设的特点与经济发展的需求，本就缺少植物片区，但城市滨水景观具有足够丰富的植物储备，在人工干涉严重的城市中，自然环境更是显得稀缺。城市滨水景观的植物资源作为城市中的核心绿化资源，应当进行重点优化。

3. 资源丰富度

城市河道有丰富的水资源，也是城市的河流干道，周边及河道本身也会产生一些可利用的各类资源。例如，河道内充足的水资源既可以作为清洁能源的供应方也可以作为浇灌水资源的提供方，城市滨水景观有良好的资源基础。河道护岸改造拆下的混凝土护岸石块、河道内的砂石等资源，都可以再利用到滨水景观中。

4. 空间特殊性

人类生活生产是碳排放的主要源头，在生活中潜移默化地提升人们对环境保护的意识很有必要。城市滨水景观有公共活动区域，还有一定的城市历史文脉传承功能，是一个综合性强且构成复杂的场所，具备良好的宣传条件。

第二节　“双碳”目标对城市滨水景观的意义和作用

“双碳”目标对城市滨水景观的意义和作用主要体现在以下 3 个方面。

一、修复水文环境

实施“双碳”目标，对城市滨水景观的水文环境修复具有重要意义。设计时需要尊重并利用原有的地形地貌特征，对河流进行自然化的改造，以构建水域与岸边的和谐关系。这种方法不仅有助于降低人为干预所产生的碳排放量，还能提高城市的生态功能和景观美观度。

例如，德国慕尼黑市内的伊萨尔河曾经因硬质化水渠和不断增高的河堤出现了很多问题。1995 年，当地政府推出的“伊萨尔河计划”对河流进行水文环境修复。通过河床的整治、河岸的重建、河堤的加固、水质的提升、水量的调节，伊萨尔河恢复了其自然状态。与传统的硬性防洪设施不同，改造后的河床被拓宽，水流断面增大，从而提高了河流的排涝能力和防洪功能。同时，这种改造还创造了更多的游憩空间，提升了城市居民的生活质量。

因此，在城市河流的改造过程中，应优先考虑仿自然化的方法。这种方法在增强城市防洪能力的同时，还能塑造自然化的城市河道景观，促进城市的生态可持续发展。通过这样的改造，城市河流不仅成为防洪排涝的重要设施，也成为市民休闲娱乐和提升生态环境的重要空间。

二、可持续发展

实施“双碳”目标，对城市滨水景观的可持续发展有重要意义。整个城市滨水景观的构建过程中，应注重减少碳足迹，选择低碳环保材料，并重视在后期维护与管理中的低碳实践，以此提升景观的可持续发展。

以深圳市的零碳公园为例，该公园通过种植高释氧功能的固碳植物来减少碳排放，同时在公园建设过程中利用再生能源互动装置来抵消产生的碳排放。公园还对废弃材料进行循环再利用，减少资源的浪费，实现了二氧化碳增减的动态平衡，达到“零碳”效果。

此外，应用生态化海绵工程技术，在城市滨水景观中设置绿化缓冲带、生态石渠、渗水铺装、人工湿地、雨水花园、雨水池塘等设施。这些设施能够促进雨水的自然下渗、滞蓄和净化，并实现雨水的回收利用。这不仅减少了城市内涝和水污染问题，还能有效促进二氧化碳的吸收，并调节地表径流，从而为城市带来更多的生态益处。这些措施都是为了实现城市滨水景观在提升生态价值的同时，减少环境影响，达到可持续发展的目标。

三、修复生态系统

实施“双碳”目标，对城市滨水景观的生态系统修复具有重要意义。城市内部的湖泊和湿地生态系统不仅是生物多样性的维持者和水体净化的重要参与者，还是关键的碳汇。提升这些生态系统的固碳能力，即通过扩大和强化天然生物群落，可以实现生态系统自身作为“天然碳库”的功能。

例如，成都的活水公园，就是通过种植有助于净化水质的水生植物来平衡水环境，并保护生物多样性。该公园在进行水体景观改造的同时，保持了原有水生态系统的平衡，并通过增加植被覆盖率和植物种类来提高水体的碳含量。

“双碳”目标下的城市滨水景观不仅关注现代人的日常需求和审美需求，更加强调可持续发展的需求，特别是环境保护和生态平衡。因此，城市滨水区的规划设计应整合低碳理念和碳排放控制措施，注重提高碳吸收能力并减少碳排放。

在城市滨水景观中，“绿色碳汇”和“蓝色碳汇”分别代表不同生态系统的碳吸收和储存能力。“绿色碳汇”主要指陆地生态系统，如森林、草原和农田等；而“蓝色碳汇”则指沿海或滨水生态系统，如海洋、海岸带、河口和湿地等。遵循低碳设计原则，在城市滨水景观中构建天然驳岸、设置防洪防涝设施，都是为了减少人为干扰对水生态环境的影响。同时，优化沿岸生态环境，保证生物的繁衍和生长，以此维持河流的稳定性，并通过增强滨水区的生态功能来缓解城市的热岛效应。

第三节　“双碳”目标下的城市滨水景观设计原则与策略

一、“双碳”目标下的城市滨水景观设计原则

（一）连续整体性原则

“双碳”目标下的城市滨水景观设计是一个复杂的综合性问题。保护一个良好的生态环境是进行生态景观设计的基础条件。结合“斑块—廊道—基质”模型，从城市角度分析，一个理想的景观格局需要有一定数量的大型自然植被斑块和足够数量的廊道，同时保证人工建设区域内存在小块自然斑块和廊道以保证连通性。城市滨水景观往往是城市的“廊道”，城市滨水景观的连续性、数量、宽度及构成就是打造最优生态格局的关键点之一。

城市滨水景观是城市绿地的重要构成，系统规划城市滨水景观，打造城市绿网，可以保障生物多样性、缓解城市热岛效应、增加城市固碳量等多种生态效益。城市滨水景观的绿地，对城市生态环境更是有着举足轻重的功能，其碳汇功能是毫无疑

问的。城市滨水景观在整个城市中往往是线性结构，这种结构有利于连接城市中破碎的绿色斑块，有利于恢复自然生态系统。充分考虑城市景观的环境影响，评估空间结构的合理性，并充分考虑生态系统的物质能量交换，通过定位景观要素，不仅能提高整个景观系统的碳固存能力，而且有助于生物多样性保护和物种的流通。

风景园林设计是需要长期应用的，不可以忽视使用寿命，因而在设计中，必须保证与当地的生态发展规律相一致，对当地生态状态需要进行全面的调查分析，推动景观园林融入当地环境。设计景观园林，要以尊重自然环境、降低能源消耗、延长景观使用寿命为根本追求。

（二）固碳高效性原则

由于植物是风景园林要素中极为重要的固碳要素，具有吸附尘埃、减菌减噪、活化土壤、涵养水源等诸多良性效益，因此，植物是城市景观建设必不可少的一部分。绿化是通过光合作用将大气中的二氧化碳吸收并固定在植被与土壤当中，主要包括植物碳汇、土壤碳汇和水体碳汇。土壤碳汇又与植物相关，通常情况下，植物生长时间越长郁闭度越高，这种环境有利于土壤储碳；水生植物虽然本身可以通过光合作用吸收二氧化碳，水体自身也可以溶解二氧化碳，减少环境中多余的碳，但水体恶化却会导致动植物大量死亡，进而影响水体系统的碳汇能力，保持水体环境质量可以保证水体系统碳汇的能力。适宜的水生植物不仅具有固碳能力，还具有一定的净水能力。土壤碳汇与水体碳汇均与植物息息相关，而植物碳汇是风景园林中唯一不消耗能量的固碳方法，所以，优化景观中的植物是十分必要的。

不同植物品种的固碳能力、不同植物搭配的固碳能力、一定空间内植物的数量，对景观的固碳效率影响极大。固碳能力高的植物品种，在同等数量、环境与时间的条件下具有更快的固碳效率，丰富的植物搭配可以增加植物固碳能力。绿地植物群落应尽量避免单层设计，多采用乔、灌、草相结合的多层结构，增加单位面积植物群落叶面积复合指数，使得单位面积土地上有更多植物进行光合作用，从而增加绿地固碳效益。人工构筑物，例如桥梁、墙面等空间存在大量未利用的空间，采用节水节能低成本的立体绿化，可以明显增加绿化面积，增加城市景观空间的绿化量，与低成本养护相互配合，形成正向效益的城市立体绿化，从而达到提升景观功能的碳汇目标。

固碳高效性原则的构建是以高碳汇为最主要的目标，碳中和景观的植物景观不能以双碳为目标，应当以植物固碳最优化为根本目的。故植物品种占比、空间层次、增加面积均以高效率实现强固碳为目标，是“双碳”目标下的城市滨水景观设计增加碳汇的核心途径。

（三）能源低消耗原则

中国大量的碳排放来源于能源领域，碳中和的根本目的就是降低能耗。根据国家统计局的数据统计，目前我国主要采用 5 种发电技术，分别为火力发电、水力发电、风力发电、太阳能发电和核能发电，其中火力发电约占全国发电量比重的 70%，在我国供电系统中仍占据核心地位。能源低消耗的根本目的是降低化石能源消耗，从而减少非必要的排放量，能源减碳就是碳中和的基底。

降低景观的能源消耗有两条途径，一是直接降低化石能源的使用总量，二是提升清洁能源占比。将两者综合考虑设计，最大限度地压缩能源的直接使用量，同时增加清洁能源的占比，最优化地降低景观的全生命周期过程中的能源消耗。

直接降低化石能源的使用总量方面，景观中的能源消耗主要有建造过程产生的能源消耗，材料生产加工与运输过程中产生的能源消耗，景观使用和维护过程中产生的能源消耗。其中景观建造过程中的能源消耗主要为建造材料的运输与建造过程中使用的机械消耗。材料生产加工与运输过程中的能源消耗主要为加工器械的消耗，应优先选择本土材料或产地较近的材料，压缩材料运输过程中消耗的燃油动力。使用和维护过程中的能源消耗主要为景观灯具等设施的电力消耗、植物浇灌使用的能耗、景观要素更替消耗的能源。景观优化设计可调控的能源消耗有材料运输消耗、灯具消耗，以及植物浇灌过程浪费的能耗等，可以从这些可调控方面来进行具体的设计优化。

提升清洁能源占比方面，清洁能源利用一直是景观设计中容易忽视的细节。清洁能源主要有太阳能、风能和水能等能源，而城市滨水景观具有水、风、阳光等充足的清洁能源条件，将以上技术应用于景观场地内，例如安装 PV 太阳能发电板等设施为景观内的建筑、灯具供能，利用水流的势能尽可能补充场地中需要的电能，可以压缩化石能源的消耗，进而减少碳排放量。

目前我国的一些城市滨水景观建设忽视了能源消耗问题，但能源消耗是直接影响碳中和的重要一环。因此，在景观设计时要遵循能源低消耗原则。城市滨水景观实现能源的低消耗，既降低了经济、资源等各类成本，也是迈向碳中和这个最终目标的重要一步。

（四）资源循环化原则

挖掘景观资源的潜能，促进资源系统的内部良性运转不仅可以极大提升资源利用率，也可以减少开采、加工等生产运输过程消耗的能源，从而减少碳排放量。

城市滨水景观设计要充分考虑指向性作用，考虑通过各类资源循环利用减少碳的排放量，资源的节约利用与构建废弃物循环利用体系可以实现资源的最优化利用，减少能源消耗的同时保护生态环境的平衡。

城市滨水景观的资源利用主要集中在材料可回收、废弃物再利用设计和水资源利用 3 个方面。景观材料的选择既要注重运输加工过程中的能源消耗，同时更加需要注重材料是否可回收再利用。选择可回收材料是可持续与低碳景观设计思想的体现，选择可回收材料作为景观建设材料是着眼于未来的策略，保证场地长期可持续发展，减少建设过程中的碳排放量。使用废弃物回收材料是着眼于现在的策略，废弃物再利用可以绕过废弃物直接焚毁或填埋，直接将设计场地内及周边的可利用废弃物再加工，重新回到场地内。水资源利用方面要考虑海绵设施的应用和水循环系统搭建。一方面，海绵设施可以促进场地自身雨水下渗与净化，保持和修复自然界水循环，同时利用海绵设施进行污水处理，可以减少污水处理过程中的能源消耗。另一方面，净化的水资源可以对距河较远的植被进行浇灌，还可以利用将喷灌变为滴灌等其他更节约的浇灌方式，减少水资源的蒸发、浪费，使场地内形成良好的水资源循环系统，使场地维护简单化、耗能低量化。

城市滨水景观资源的优化利用也是滨水景观发展的必由之路，要减少景观中的碳排放量，就要使景观具备自我循环、可持续发展、高效能、低维护的特征，节约场地内原本可利用的各种资源。城市滨水景观设计遵循资源循环化原则是十分必要的，可以推动绿色低碳的城市发展，落实我国的碳中和目标。

（五）功能复合性原则

在城市迅速发展的时代背景下，社会需求愈加多元化。城市滨水景观不仅要满足防洪安全需求、美观舒适需求等基本景观功能，也需要满足连通居民日常生活的便利性、宣传性与可用性等功能。

在便利性方面，交通运输是碳中和的一大难点，居民日常出行就属于交通运输，会产生极为庞大的碳排放量。以城市滨水景观为研究场地，由于其线性空间特点，对居民的出行选择会造成一定的影响，但与此同时，此类场地也具备着优良的慢行条件，如临近水体，植物丰富，有利于营造舒适的小气候环境。居民出行交通方式的选择、出行目的地的选择等问题，对碳排放量的影响是远远大于出行距离的影响。如何将居民的出行方式转变为零碳方式，是降低城市交通碳排放的关键。应当分析城市布局结构对居民出行方式及目的地选择的影响，重新分配确定慢行道路的位置，优化城市滨水景观的慢行系统，真正地去了解城市居民的生活需求与行动路径。

关于城市滨水景观宣传方面，科普宣传是连接居民低碳生活与“双碳”目标的途径。低碳出行、垃圾分类、节约用水、节约用电都是有利于“双碳”目标的生活行为。在文字宣传的基础上，以数字化的形式增加景观的互动性更有利于居民对此类生活行为有所感触。景观是人们生活的外部基础环境，极其贴近人们的生活，将景观小品与“双碳”目标相结合，在日常生活中潜移默化地降低人们的生活碳排放。我国的人口基数极为庞大，每个居民都参与进来，累计节约的碳排放量也是不可估量的。

滨水景观本应该是一个城市的历史积淀、活力体现和形象特色的展示场所，但是，由于多数城市对水系结构缺乏全面的梳理和研究，市区内各河道的功能定位不够明确，继而使设计没有清晰的引导和把控，具体来说，河段呈现出重形象展示、轻文化功能、生态功能和游憩使用功能等特点，最终造成滨水景观的功能简单、复合性不强。

二、“双碳”目标下的城市滨水景观设计策略

（一）修复水文环境策略

在“双碳”目标下，城市滨水景观设计需要特别关注水文环境的修复与改善。水文环境作为城市生态系统的重要组成部分，不仅在城市规划和建设中扮演着关键角色，还直接影响减少碳排放和碳固存的实现，对城市的可持续发展和提升居民的生活质量具有重要意义。

首先，水文环境的重要性体现在对城市生态平衡的影响上。城市的生态系统包括了土地、水体、植被、野生动物等多个要素，而水文环境是生态系统中不可或缺的一部分。如河流、湖泊和沼泽地等水体在城市中扮演着重要的生态角色，它们不仅为城市提供了水资源，还维持了城市的生态平衡。通过保护和修复水文环境，增加城市的生态多样性，维持城市生态系统的稳定性，减轻生态破坏对碳循环的不利影响。

其次，水文环境对碳排放减少和碳固存具有重要影响。在“双碳”目标下，城市需要采取措施来减少碳排放，同时增加碳固存，以应对气候变化和实现碳中和目标。水体在碳循环中起着关键作用，水体可以吸收和储存大量的二氧化碳，阻止二氧化碳排放到大气中。通过修复受损的水文环境，扩大湿地和水生植被的面积，提升城市的碳固存能力，有助于减轻碳排放带来的气候变化影响。此外，水文环境也可以通过提供自然的冷却效应和改善空气质量来减少城市的碳排放，提升城市的环境质量。

最后，水文环境的健康状态对居民的生活质量具有直接影响。城市的滨水景观不仅提供了美丽的休闲空间，还提供了优质的生态系统服务，如水资源供应、水质净化、气候调节等。通过改善水文环境，城市可以为居民提供更好的生活环境，增强居民对城市的归属感和满意度。

具体的修复水文环境策略如下。

1. 自然化水文恢复

自然化水文恢复旨在模仿自然系统的工作方式，以促进城市滨水区的生态健康和可持续发展，同时有助于实现碳中和和环境可持续发展的目标。

首先，自然化水文恢复的一个重要方面是恢复河流的自然流动。在城市化进程中，许多河流都经历了河道的改道、河岸的加固和河流的淤积，导致水流不自然、生态系统受损。自然化水文恢复的方法包括重新塑造河道、减少河岸的硬化结构、恢复水流的自然流动特性。这不仅可以降低洪水风险，提升水质，还有助于恢复和保护河流的生态系统，增加野生动植物的栖息地。

其次，湿地的恢复也是自然化水文恢复的一部分。湿地是城市滨水景观的重要组成部分，它们在水资源管理、生态系统服务和碳固存方面发挥着重要作用。通过重建湿地生态系统，包括湿地植被的恢复和湿地水体的修复，可以提升水质、净化污水、降低洪水风险，同时维持城市生态系统的稳定性。湿地还可以吸收大量的碳,有助于实现减少碳排放和碳固存的目标,为城市的“双碳”目标提供支持。

最后，自然化水文恢复还包括保护和恢复自然水体的生物多样性。城市滨水区往往拥有多样化的生态系统，通过建立保护区、保护受威胁物种、改善栖息地等方式来保护和恢复自然水体的生物多样性。这有助于维持生态平衡，同时促进城市滨水景观的生态可持续发展。

2. 低影响开发策略

低影响开发策略强调了在城市滨水区的开发过程中采用可持续和环保的方法，以降低水资源的压力，并改善城市的水文环境。

首先，采用渗透性材料是低影响开发策略的重要组成部分。传统的城市开发往往使用大量的不透水材料，如混凝土和沥青，导致雨水无法渗透地下，形成大量的地表径流。这种径流不仅导致城市洪水风险增加,还会携带污染物进入水体，影响水质。通过采用渗透性材料，如透水铺装，促使雨水更容易地渗透到地下，减少径流量，改善水质，同时增加地下水补给。

其次，设置雨水花园和绿色屋顶是低影响开发策略的另一重要措施。雨水花园是一种自然的雨水管理系统，通过植物和土壤来处理和净化雨水。绿色屋顶则是在建筑物屋顶上种植植物，以吸收雨水并降低热岛效应。这些措施有助于延缓雨水流入城市排水系统的速度，降低洪水风险，并提供美观的绿化空间。同时，它们还改善了城市生态系统，提高了城市的绿色覆盖率。

最后，构建雨水收集和利用系统也是低影响开发策略的一部分。这种系统可以收集和储存雨水，然后用于灌溉、冲厕，甚至工业用途。通过有效地利用雨水资源，城市可以减少对地下水和自来水的需求，减轻水资源的压力，同时也有助于减少碳排放，因为减少了用于处理和输送自来水的能源消耗。

3. 生态系统服务

生态系统服务凸显了城市滨水区的多重价值，包括水体的自净作用、保护生物多样性、休闲娱乐等，还有助于实现碳中和和城市可持续发展的目标。

首先，水体的自净作用是一项重要的生态系统服务功能。城市滨水区的水体，如河流、湖泊和沼泽地，具有自然的净化能力，可以去除水中的污染物和有害物质。通过合理设计和保护滨水区，充分发挥水体的自净作用，改善水质，减轻城市污染负担，同时提供更健康的水源供应。这不仅有益于居民的健康和生活质量，还有助于降低城市水处理的成本和碳排放。

其次，保护生物多样性是生态系统服务的关键功能。城市滨水区往往是多样化的生态系统，拥有丰富的植物和动物群落。通过生态恢复和保护生物多样性，可以维护这些生态系统的稳定性，保护受威胁的物种，同时提供了观鸟、生态旅游等休闲和教育机会。生物多样性的保护不仅有助于维护生态平衡，还强化了城市滨水景观的自然感美。

最后，城市滨水区还可以提供休闲和娱乐的生态系统服务功能。跑步、垂钓、皮划艇等活动，为居民提供了休闲和娱乐的机会。这些活动不仅有益于身体健康和精神愉悦，还促进了社区的社交和文化交流。城市滨水区可以提供多样化的休闲和娱乐场所，满足不同年龄和兴趣群体的需求，增加城市滨水景观的社会价值。

4. 综合流域管理

综合流域管理旨在通过协调上下游及周边地区的水资源管理和保护，实现水资源的可持续利用，减少水污染，同时提高城市应对极端天气事件的能力。

首先，综合流域管理强调了水资源的可持续利用。城市滨水区通常是更大水流域的一部分，水资源的供应和质量受到上游和周边地区的影响。通过综合流域管理，确保水资源的平衡分配和合理利用，避免上游地区过度抽取水源导致下游地区水资源匮乏。这有助于满足城市居民的用水需求，减轻水资源的竞争压力，同时促进水资源的可持续管理。

其次，综合流域管理有助于减少水污染。城市滨水区常常受到不同来源的污染物的影响，包括工业废水、农业排放和城市排水系统。通过协调上下游及周边地区的污染控制措施，可以减少污染物输入水体的数量，改善水质。这对维护水体生态系统的健康、保护居民的健康，以及提高水体的自净能力都具有重要意义。

最后，综合流域管理也提高了城市应对极端天气事件的能力。气候变化导致了极端天气频发，如洪水和干旱事件的增加，对城市的水资源管理和防灾能力提出了挑战。通过协调流域内的水资源管理和保护，可以更好地应对这些极端事件。例如，在干旱时期，可以采取水资源节约措施，提高供水系统的抗旱能力。在洪水事件发生时，可以通过流域管理来协调排水系统，降低洪水风险。

综合流域管理是一种综合性的、长期的策略，旨在实现水资源的可持续管理和保护。通过协调上下游及周边地区的水资源管理，可以有效地解决城市滨水区面临的水资源供应、水质保护和防灾能力等问题。这有助于实现城市的可持续发展目标，同时也与“双碳”目标相符，因为水资源的合理利用和保护有助于减少碳排放和提高城市的生态可持续性。通过综合流域管理，城市可以更好地应对未来的水资源挑战，创造出更健康、可持续的滨水景观。

5. 监测和评估

监测和评估旨在定期评估水文环境的健康状态和修复效果，以便及时调整和优化管理策略，从而实现城市滨水区的可持续管理和发展。

首先，水文环境监测和评估是确保城市滨水景观设计策略有效性的关键步骤。通过建立监测机制，可以持续收集关于水质、水量、水体生态系统和水文过程的数据。这些数据可以用于评估当前水文环境的健康状况，包括水体的水质、水位、生物多样性和生态系统功能等。此外，监测也有助于及时发现问题，如水质下降或生态系统受损，从而能够迅速采取行动进行修复。

其次，水文环境监测和评估还可以评估实施的设计策略的效果。在城市滨水景观设计中，采用了一系列策略和工程措施来修复水文环境，如自然化水文恢复、湿地重建和低影响开发。通过定期评估这些策略的效果，可以了解哪些策略取得了成功，哪些需要调整或改进。这有助于提高城市滨水区的可持续性，确保设计和管理策略的有效性。

最后，水文环境监测和评估还有助于城市滨水区的风险管理。城市面临着气候的不断变化，可能会发生极端天气事件，如洪水、干旱和风暴。通过监测水文环境的变化，可以及早识别潜在的风险，并制定应对措施，如加强洪水预警系统或制订干旱管理计划。这有助于提高城市对极端事件的应对能力，降低潜在的灾害影响。

（二）修复生境工程

修复生境工程旨在通过创新的设计和管理手段，实现碳足迹的减少和生态系统的恢复，进而提高城市景观的可持续性。

修复生境工程在“双碳”目标下的城市滨水景观设计中具有至关重要的地位。其核心目标是恢复和保护城市滨水区的自然生态系统，以实现生态平衡、提升环境质量，并为居民创造更加宜居的城市环境。

首先，修复生境工程包括物理结构的恢复，如水体和河岸的自然化。这意味着要恢复河流和湖泊的自然流动，减少人工干预，以促进水体的自然生态过程。通过恢复自然水体的特征和生态功能，可以改善水体的水质，提高水体的抗污染能力，降低洪水风险，并为水生生物提供更适宜的生存环境。这对维护城市滨水生态系统的健康至关重要。

其次，生境工程也涉及生物多样性的保护。城市滨水区通常是重要的生态走廊，通过采取适当的措施，如建立自然保护区、保护本土物种和提供合适的栖息地，可以有效保护城市滨水区的生物多样性。同时，通过加强生态链的连通性，可以帮助野生动植物在城市中迁徙，维持物种的生存和繁衍。生物多样性的保护不仅有助于生态系统的稳定，还给城市居民提供了与自然互动的机会，提升了城市生活的质量。

最后，科学的方法和监测是修复生境工程的重要组成部分。通过定期监测生态系统的恢复进程，可以评估修复的效果，并及时调整和改进修复过程。科学的方法可以确保修复的可持续性和有效性，从而实现长期的生态恢复目标。

具体的修复生境工程策略如下。

1. 生态化海绵工程的应用

（1）生态化海绵工程强调了雨水的自然管理和回收利用。在传统城市设计中，大量的雨水径流被快速排入下水道，容易导致内涝和水污染问题。然而，采用生态化海绵工程，可以改变雨水的流动方式，使其更多地自然下渗、滞蓄、净化和回收利用。例如，绿化缓冲带和渗水铺装可以减缓雨水流速，让雨水慢慢渗透到地下，降低洪水风险。人工湿地和雨水花园则可以净化雨水，去除污染物，提高水质。这些措施不仅有助于解决城市内涝问题，还有助于保护水体和生态系统的健康。

（2）生态化海绵工程通过增加绿色植被，促进了二氧化碳的吸收，进一步减少城市的碳足迹。绿色植被具有吸收二氧化碳和释放氧气的功能，有助于改善城市空气质量和缓解气候变化。在生态化海绵工程中，广泛种植绿色植被，不仅美化了城市滨水区，还起到了改善环境的作用。这对于实现“双碳”目标中减少碳排放和增加碳吸收的目标非常重要。

总的来说，生态化海绵工程是城市滨水景观设计中的一项创新策略，它综合了自然管理、生态保护和碳减排等多个方面的优势。通过促进雨水的自然处理和管理，以及增加城市绿色植被，生态化海绵工程有助于解决城市内涝和水污染问题，同时减少城市的碳足迹，提高城市滨水区的可持续发展。这一工程已经在许多城市中得到应用，并为改善城市环境、促进生态平衡和实现碳减排目标提供了有力支持。在未来，生态化海绵工程将继续发挥重要作用，推动城市滨水景观向更加可持续和生态友好的方向发展。

2. 节能减排策略的实施

节能减排策略的核心在于减少碳排放，通过采用可持续的设计和管理方法来降低景观工程对环境的影响，同时提高生态系统的可持续性。

（1）使用低碳材料是实施节能减排策略的重要一步。在城市滨水景观设计中，选择环保和可再生材料可以显著减少碳排放。这包括使用可回收的建筑材料和减少使用高碳足迹的材料。通过精心选择材料，可以减少建设和维护过程中的碳排放，为城市滨水景观的可持续性作出贡献。

（2）推广可再生能源的使用也是实施节能减排策略的关键。城市滨水区通常有照明、供水和排水等基础设施，这些都需要能源供应。采用可再生能源，如太阳能和风能，可以降低景观设施的能源消耗，减少碳排放。例如，在城市滨水公园中安装太阳能灯具或使用风力发电，可以为景观照明提供清洁能源，减少对化石燃料的依赖，有助于实现碳中和的目标。

（3）优化景观维护和管理过程也是节能减排策略的一部分。有效的管理方法可以减少农药和化学肥料的使用，降低能源消耗，减少机械设备的碳排放。采用生态友好的管理方法，如自然景观维护、植被管理和雨水管理，可以维护生态系统的健康，同时降低维护成本和碳足迹。

综合来看，在城市滨水景观设计中，实施节能减排策略是不可或缺的一部分，与“双碳”目标相符。通过选择低碳材料、推广可再生能源的使用，以及优化景观维护和管理过程，可以减少碳排放，提高景观的可持续性，为居民创造更健康、更环保的滨水环境。“零碳公园”案例展示了如何通过积极采用碳抵消措施，如植物固碳和可再生能源的使用，来实现碳中和，为其他城市滨水景观设计提供了有益的启示。通过实施节能减排策略，城市滨水景观可以在可持续性和碳减排方面发挥重要作用，推动城市的生态进步。

3. 综合性设计策略

城市滨水景观的设计不仅是环境工程，更是一个综合性的过程，必须综合考虑多个因素，包括环境、社会、经济和文化等方面。

首先，综合性设计策略要考虑环境因素。这包括了修复和保护水文环境、生境工程、节能减排等方面，以实现可持续的生态平衡。在设计中，需要确保城市滨水区的水资源得到合理分配和利用，同时保护自然生态系统的健康。这不仅有助于减少碳排放，还提高了城市的生态可持续性。

其次，社会因素也是综合性设计策略要考虑的因素。城市滨水景观不仅是一个环境空间，还是社区生活的一部分。因此，设计要考虑社区居民的需求和期望，以确保景观设计能够为社区提供宜居的环境。社区参与也很关键，通过与社区合作，可以更好地理解他们的意见和建议，从而实现更好的设计结果。

再次，经济因素也必须纳入考虑。城市滨水景观的设计不仅要有环保和社会效益，还需要经济效益。这包括考虑设计和建设的成本，以及未来的维护和管理费用。同时，城市滨水景观也可以成为旅游和休闲的潜在资源，为城市创造经济价值。

最后，文化因素和文化遗产保护也应该纳入设计策略中。城市滨水区通常承载着丰富的历史和文化价值，因此，在设计时需要考虑如何保护和传承这些文化遗产。文化元素可以丰富景观设计，为城市增色不少，同时也为居民提供了文化体验和教育的机会。

总的来说，综合性设计策略综合了环境、社会、经济和文化等多个因素，以实现城市滨水区的可持续发展和提升居民生活质量为目标。通过综合性设计，城市可以在“双碳”目标下更好地应对气候变化、增强碳减排效果，并创造更加宜居、可持续的城市环境。这需要跨学科的合作和综合思考，以确保城市滨水景观设计能够在多个方面实现最佳效益。

4. 长期维护和管理

长期维护和管理包括定期监测生态系统的健康状况、评估景观设计的有效性、及时调整管理策略以适应环境变化等关键活动。

首先，定期监测生态系统的健康状况是维护城市滨水景观可持续性的基础。通过建立有效的监测系统，可以追踪水体质量、生物多样性、植被生长和其他关键指标的变化。这种监测可以帮助识别潜在问题和威胁，以便及早采取措施来解决这些问题。例如，水体质量下降或某些物种受到威胁，监测系统就可以提供及时的信息，以便采取必要的修复和保护措施。

其次，评估景观设计的有效性也是非常重要的。城市滨水景观设计可能涉及多个复杂的组成部分，包括水体恢复、生物多样性保护、社区互动等。评估可以帮助确定哪些方面取得了成功，哪些方面需要改进。这可以通过各种方法来完成，包括调查、定性和定量分析、用户反馈等。评估的结果可以为决策者提供宝贵的信息，帮助他们了解项目的实际效果，并为未来的设计提供指导。

最后，及时调整管理策略以适应环境变化是非常关键的。城市滨水景观所处的环境可能会发生变化，如气候变化、城市发展和人口增长等。因此，管理策略需要具备灵活性，以适应这些变化。例如，城市面临更频繁的极端天气事件，就需要调整管理策略以应对这些事件。新的生态科学研究表明某些措施不再有效，那么管理策略也需要相应地进行调整。

（三）修复生物系统

修复生物系统策略的核心在于增强城市湖泊、湿地等水生生态系统的自然固碳能力，通过生态修复和管理手段，保护生物多样性，以实现对空气中温室气体的有效吸收和减排。

1. 生物系统的退化与碳汇能力

城市内湖泊和湿地作为重要的生态系统，在“双碳”目标下的城市滨水景观设计中具有至关重要的地位。它们不仅在维持生物多样性、净化水体等方面发挥着重要作用，还是城市中的重要碳汇。然而，这些生态系统的退化会严重影响其碳吸收和固存能力，进而对城市的整体生态平衡和气候变化产生负面影响。

湖泊和湿地在城市生态系统中扮演着关键角色。它们为城市提供了重要的生态服务，包括净化水体、防洪能力、生物多样性维护等。湖泊和湿地不仅是各种水生生物的栖息地，还可以起到过滤器作用，帮助去除水体中的污染物质，改善水质。此外，它们还有助于降低洪水风险，吸收多余的雨水，防止城市内涝。

湖泊和湿地也是重要的碳汇。它们通过吸收大气中的二氧化碳来进行光合作用，将碳固定在植物体内，并将部分有机碳储存在土壤中。这些生态系统中的植物和土壤层逐渐积累了大量有机碳，形成了碳汇。这对城市的碳平衡至关重要，因为它们有助于减少大气中的二氧化碳浓度，缓解气候变化的影响。

然而，城市湖泊和湿地的退化成为一个严重问题。受到城市化、污染、土地开发和人类活动的压力，许多湖泊和湿地面临被破坏和减少的威胁。这种退化导致了湖泊和湿地的碳吸收和固存能力下降，不仅影响了城市的生态平衡，还可能加剧气候变化的问题。为了解决这个问题，城市滨水景观设计需要特别关注湖泊和湿地的保护和恢复，包括采取措施保护这些生态系统的原始状态，减少污染输入，并确保城市规划中考虑到湖泊和湿地的重要性。此外，可以采用生态工程手段来恢复和增强湖泊和湿地的生态功能，如植被恢复、湿地重建等。通过这些措施，可以保护湖泊和湿地的碳汇功能，维护城市的生态平衡，同时缓解气候变化的影响。这需要政府、社区和环保组织的合作，以确保城市内湖泊和湿地的可持续性和稳定性。

2. 恢复天然生态体系策略

恢复天然生态体系策略不仅有助于提高城市的碳固存能力，还对生态多样性、水环境治理和生态平衡产生了积极影响。

首先，恢复天然生态体系包括增加城市区域内的森林、湿地、水体等生态系统。这些生态系统在城市中扮演着至关重要的角色。例如，城市森林可以作为碳汇，通过植物的光合作用吸收二氧化碳，将碳固定在植物体内，有助于降低大气中的温室气体浓度。同时，城市湿地和水体在净化水质、防止洪水、维护生物多样性等方面发挥着关键作用。这些生态系统的恢复可以改善城市生态环境，提高碳固存能力。

其次，恢复天然生态体系有助于保护生物多样性。通过增加植物种类和栖息地，可以吸引各种野生动植物，维护城市生态平衡。生物多样性对生态系统的稳定和健康至关重要。在城市滨水景观设计中，恢复天然生态体系可以提供适宜的生境，吸引各种野生生物，维护生态平衡。

最后，恢复天然生态体系可以改善水环境治理。如成都的活水公园就示范了如何通过自然生态体系来净化水质。通过种植水生植物，可以有效地去除水中的污染物质，提升水体的质量。同时，增加植被覆盖和植物种类有助于增加水体中的碳含量，提高水体的碳固存能力。这种综合性设计不仅有益于水环境治理，还改善了生态环境。

3. 低碳景观设计策略

在“双碳”目标的引导下，城市滨水景观设计正在经历一场重大的转变。传统的滨水景观设计主要侧重于满足人们的日常需求和美观需求，注重功能性和视觉吸引力。然而，低碳景观设计更加强调环境保护和生态平衡，反映了人们对气候变化和碳减排的关切。

首先，低碳景观设计需要更广泛地考虑生态系统的健康。这意味着在设计中要集成自然元素，如湿地、水体、植被等，以帮助恢复和保护生态系统。通过创建生态通道，促进野生动植物迁徙，或设计雨水花园和湿地来净化水质。设计师需要与生态学家合作，确保设计能够最大限度地恢复生态平衡。

其次，可持续性是低碳景观设计的关键要素，包括选择环保材料、优化能源利用、考虑设计的生命周期影响。城市滨水区的建筑和基础设施应当尽量减少碳排放，采用可再生能源，同时考虑建筑的能效和维护。设计师需要关注长期的可持续性，以确保滨水景观在未来仍然是低碳的。

最后，社区参与也是低碳景观设计的一部分。社区居民参与低碳景观设计可以提高他们对环境保护的认识，并推动他们的环保行动。城市滨水区的设计应该为社区提供空间，以促进教育和文化交流，同时引导社区参与景观的保护和维护。

（四）提升生态连接性

在城市滨水景观设计中，提升生态连接性意味着构建一个连贯的生态网络，使各个生态系统（如河流、湖泊、湿地）之间形成有效的物种迁徙和基因交流通道。

1. 生态走廊建设策略

生态走廊的建设旨在促进生物多样性和生态平衡，对城市的可持续发展和生态健康产生积极影响。规划和建设生态走廊，包括绿色廊道和水生生态通道等。

首先，生态走廊的建设有助于改善城市的生态系统。通过连接不同的自然生态区域，生态走廊为野生动植物迁徙和繁殖提供了通道。这有助于维护和提高城市内的生物多样性，促进各种植物和动物种群的健康生长。生态走廊还可以提供丰富的栖息地，为野生生物提供食物和庇护。

其次，生态走廊的建设有助于改善城市的生态平衡。城市滨水区常常面临水质污染、生态系统退化和城市化带来的挑战。通过引入生态走廊，可以提供一种自然的方式来改善水质、恢复湿地和湖泊生态系统，并增加绿色覆盖，从而降低城市的碳足迹。

再次，生态走廊还可以为城市居民提供休闲场所和教育机会。生态走廊通常包括步道、自行车道和公共休闲区域，为居民提供了亲近自然的机会。同时，生态走廊可以用于生态教育和研究，提高社区对生态系统重要性的认知。

最后，生态走廊的规划和建设需要综合考虑城市的发展规划和土地利用。这需要协调不同部门和利益相关者进行合作，以确保生态走廊的连续性和有效性。此外，考虑到气候变化和城市扩张的影响，规划生态走廊需要有前瞻性，以适应未来的环境变化。

2. 打通生态断点策略

打通生态断点，即识别和恢复城市滨水区中被城市化隔断的生态通道，例如被城市化隔断的河流段，恢复其自然流动和生物迁徙路径。这一策略有助于促进城市生态系统的健康发展，同时对碳减排和应对气候变化也具有积极影响。

首先，打通生态断点有助于维护城市生态系统的完整性。城市化常常导致河流被堤坝和水泥化的道路隔断，这影响了水体的自然流动和水生生物的迁徙。通过打通生态断点，可以恢复河流的自然流动，野生动植物能够自由迁徙，从而维护城市生态系统的完整性。

其次，打通生态断点有助于减少碳排放和维持城市的碳平衡。城市化导致大量的土地覆盖变化，这会影响城市的碳平衡。通过恢复自然的水流路径，可以增加湿地和水体面积，这些区域具有较高的碳吸收能力，有助于减少城市的碳排放，降低温室气体浓度。

再次，打通生态断点也有助于提高城市的生态韧性。在面对气候变化和极端天气事件时，具备良好生态连接性的城市滨水区更容易应对洪水、干旱和其他自然灾害。

最后，打通生态断点需要综合考虑城市规划和土地利用。这需要政府、城市规划者、环保组织和社区居民的合作，以确保恢复生态通道的实施是有效的。同时，需要充分考虑城市的未来发展和气候变化的影响，以确保生态通道的可持续性。

综上所述，打通生态断点有助于维护城市生态系统的完整性，减少碳排放，提高城市的生态韧性，但需要广泛的合作和可持续性规划。这一策略有助于创造更加环保和可持续的城市滨水景观，为城市发展作出贡献。

第四节　案例分析

针对山西省长治市城市段的滨水景观，本书以“双碳”目标为导向，对该区域的绿化、小品设施、铺装材质和空间结构进行综合优化设计。此项设计旨在探索“双碳”策略在城市滨水景观中应用的可行性。

一、区位概况

（一）场地位置与特性

长治市位于山西省东南部，地理坐标介于北纬 35°49' 至 37°07'，东经 111°59' 至 113°44' 之间，东依太行山脉，西邻太岳山。该地区的植被主要是针阔叶混合林，配合部分灌木和地被植物，具有丰富的矿产资源，特别是煤炭资源，导致当地碳排放量高，亟须减碳。

（二）气候降水

长治市属半湿润大陆性季风气候，气候温和，降水量适中但不均匀。年平均气温约 10.3 摄氏度，年降水量为 500 毫米至 800 毫米，降水主要集中在夏季。

（三）水系分布

长治市河流众多，石子河是主要的河流之一，流经市区北侧，是浊漳河南源的一级支流。河流总长约 49 千米，流域面积达到 385.33 平方千米。河道在上中游较宽，下游进入城市区域时河宽缩小，有些河段因人工改道而变得狭窄。

本次优化设计将基于长治市的地理、气候和水系特征，结合“双碳”目标的要求，采取相应的景观改造措施，以提高该区域的生态效益和城市美观度，同时注重碳排放的减少和碳汇的增加。

二、总体规划设计

（一）设计目标

在遵循“双碳”目标的前提下，本方案针对城市滨水景观设计的总体规划，着重从 4 个关键维度来实现设计目标：绿化效益、节能减排、优化布局、活力增强。具体而言，这一规划旨在构建一个低碳排放、高碳吸存的城市滨水景观，同时满足市民对交通便利、休闲舒适和充足活动空间的需求，并为城市河道及周边的湿地和森林打造一个既美观又可持续的生态屏障。

（二）设计方案

在具体的设计方案中，将通过 3 类空间的有机结合和互动，营造一个系统化、连续的城市滨水景观带。一是增加绿色空间以提高固碳效率和总量，通过种植更多绿色植物和树木以吸收和储存更多的二氧化碳。二是降低化石能源消耗，提高清洁能源使用比例，以实现节能减排目标。三是在宏观布局上整合自然系统，减少不必要的资源消耗，优化整个景观的生态效率和美观度。四是提供慢行和休闲的空间结构，以促进居民参与并提高对环保的认知。这样的设计不仅是对城市滨水景观的美化，更是一种对城市生态环境负责的态度，旨在创造一个既美丽又生态的城市空间。

（三）功能布局

针对城市滨水景观的功能布局，本方案依据“双碳”目标，将滨水区分为三大类型，分别是公共活动型、生活服务型、生态景观型，旨在实现生态保护与城市活动的有机结合。公共活动型区域着重于提供观赏、休闲和低碳环保教育的空间，包括观景、休憩、观花赏景等多功能区域。生活服务型区域则强调日常生活服务和生态系统服务的结合，如休闲区、科普教育区、娱乐活动区、商业互动区等。而生态景观型区域则专注于展示自然景观，提供游览和漫步的场所，强调提高生态系统服务的能力。

（四）路网结构

在路网结构设计方面，本方案强调尊重原有地形地貌，按照能源低消耗原则进行优化。在维持现有道路结构的基础上，增加水上汀步和小木桥等新型交通流线，以提高居民日常出行的便利性。此外，分析居民日常活动路线，如从居住区至学校、办公区、市场及滨河步道等，以最小的环境干扰来构建路网，并有效压缩居民出行距离。其中，主要交通路线作为滨水景观的交通干道，设有步道和数座桥梁，而次要交通路线则承担着防洪和观景功能，园路交通流线则穿插在河岸两侧的绿地和广场中，为居民提供与自然互动的机会。

（五）雨水利用设计

在长治市的城市滨水景观设计中，雨水利用和循环系统扮演着至关重要的角色。本方案着重于建立一个高效的绿色基础设施网络，以促进雨水的自然循环和有效利用。

由于长治市的地势特点是东部高、西部低，设计中特别考虑了保持河道东西向的自然水流畅通。在此基础上，通过巧妙运用微地形、透水铺装和雨水花园等元素，构筑了南北向的雨水导流路径，即“建筑—滨河绿地—河道—滨河绿地—建筑”模式。该模式旨在提升地面的雨水下渗能力，减少道路和硬化地面产生的径流。

此外，方案中还大量采用生态树池、植草沟等绿色基础设施，这些设施不仅有助于吸收和过滤雨水，也为城市景观增添了绿色元素。在雨水的回收和利用方面，设计采取了两种策略。一是构建雨水绿色设施，用于景观水体的补给，减少了人工引水的需求；二是将雨水直接用于灌溉周边的绿化植物，这不仅节约了灌溉用水，也减少了灌溉过程中的能源消耗。通过这种设计，实现了雨水的收集、利用和灌溉，形成了一个良性的水循环系统。

三、分区设计及效果展示

（一）公共活动型区域设计

在长治市城市段河岸景观设计中，针对公共活动区域的特定问题，如灌木层次不足、植被维护过于依赖人工、场地可达性不强、铺装材料碳排放量大等，设计采取了整合性的方法进行优化。设计措施包括。

（1）灌木和垂直绿化的补充。鉴于该区域内乔木种类的匮乏，设计中计划在适宜的地方种植本土树种如垂柳、旱柳和龙爪槐。对条件受限的地区，提出使用垂直绿化的方式以优化空间。

（2）铺装材料的选择。以降低碳排放为目标，设计中计划逐步替换现有的高碳排放铺装材料。例如，使用当地的煤矸石来修复或替换损坏的铺装，并利用废弃材料作为透水铺装的基础层。

（3）照明设施的更新。针对该区域适宜使用太阳能和微型风力发电设备的特点，设计中提出使用新能源照明设备，以解决能源消耗问题。

（4）植物层次和灌溉方式的改进。基于研究结果，设计中提出在北方温带季风气候中，植物种植应以乔、灌、草比例为 10:11:17 进行，以实现更高效的水资源利用。此外，设计还提出增加固碳率高的植物种植，以及优化植物景观的层次结构，采用自循环滴灌方式替代传统的漫灌灌溉方式。

（二）生活服务型区域设计

在长治市城市滨水景观的生活服务型区域设计中，针对几个关键问题采用了综合性的设计策略，包括立体绿化不足、铺装材料选择、照明效能和雨洪管理等。以下是采取的措施。

（1）增强立体绿化。在河道附近的建筑上实施屋顶绿化，特别是那些沿河可利用的建筑。此外，对河道步道立面实施布袋式垂直绿化，桥下部署盆栽式绿化，以此扩大绿化覆盖面积，同时不影响桥梁的结构完整性。

（2）优化铺装面积与更新材料。缩减硬质铺装小广场面积的 1/4，并部分替换为砂石铺装，以减少硬化地面，提高地面的透水性。

（3）升级照明设施。更换损坏的照明设备，结合太阳能和风能使用 LED 灯具。在居民活动区域设置太阳能座椅和电子公告板，整合改造小型景观亭为太阳能设施，创造舒适且多功能的居住环境。

（4）增设绿色基础设施。在现有场地中增加雨水收纳设施，解决部分老旧硬质地面的积水问题，同时改善河岸与场地之间的连接，增强水体的自净能力。

（5）建设太阳能智慧跑道和增设水中汀步。建设透水塑胶智慧跑道，配备太阳能计数指示牌和座椅，宣传绿色节能理念。同时，在中央区域增设水上汀步，以减少居民对耗能交通工具的依赖，降低能源消耗。

（三）生态景观型区域设计

针对长治市滨水生态景观区存在的绿化层次不足、乡土植物占比低、废弃物利用效率不高、清洁能源应用不足等问题，提出了以下针对性设计措施。

（1）植被层次与种植丰富化。在生态景观区增加灌木层次，如金叶女贞、玉树、桂花和迎春等，以丰富景观的植物多样性。同时，补充如荷花、芦苇、香蒲等本土水生植物，特别是那些具有较强固碳能力的品种。

（2）建材的循环利用与再使用。在景观的次级道路上，采用煤矸石制成的砖块进行铺装，在滨水区的三级道路采用砾石和筛选自场地拆除的老旧建材制成的碎石进行铺装，从而有效地利用现有资源，减少新材料的需求。

（3）增加绿色基础设施。除了现有的下凹式绿地外，增加其他形式的雨水收集和利用设施。对于滨河步道，采用倾斜的铺装方法引导雨水流向，优化雨水管理。同时，对于岸线硬化的问题，通过网架式垂直绿化进行覆盖，改善植物生长条件和提高河道的自净能力，增强场地的生态美化效果。

四、滨水景观节点设计

（一）河道驳岸衔接段设计

对河道驳岸采取“刚性护岸＋柔性护岸”的综合改造方式，以植草石笼的形式来缓和原先刚硬的河岸线，使其更加自然和柔和。针对空间受限的垂直硬质河岸，采用木桩围挡并形成弧形绿化，以增加河岸的自然曲线感。对于空间较为充足的地方，将原先的硬质护岸改造为更符合自然规律的生态护岸，以增强河岸的生态功能。

（二）桥底空间景观设计

为了克服城市桥梁等水利设施对滨水景观的中断效应，着重于增强桥底空间的景观效果及功能性，以增强整体的景观吸引力。在桥底空间应用LED灯带进行亮化处理，同时在桥立面安装太阳能板，其设计灵感来源于长治市具有代表性的古建筑轮廓，既为LED灯带供能，又增添本土文化宣传元素。

利用周边收集的废弃木板制作置物架，并在桥底空间增设石笼座椅，为市民及游客提供休息场所，增加桥底空间的利用率和舒适度。

（三）滨河步道楼梯设计

（1）楼梯的生态美化。楼梯不仅承担着连接城市与河道步行空间的重要功能，也是城市滨水景观的关键展示窗口。为了增强其环境友好性和美观度，对楼梯结构进行生态优化改造。对楼梯的裸露部分进行绿化处理，选用本地适应性强的灌木类植物作为围挡，既增添了绿色元素，又有效遮蔽结构的生硬感。在楼梯外围安排具有高观赏价值的花卉，如鸢尾等，以提升整体的视觉效果和景观质感。

（2）互动性和科技融合。为了增加步道楼梯的趣味性和互动性，可以融入一些智能化元素。设置宣传互动公告栏，利用智能显示技术，向市民及游客提供城市及河道相关的信息、活动预告等，提高信息传递的效率。安装太阳能慢跑测速指向牌，不仅提供健康生活的鼓励，同时也体现了城市对可再生能源利用的重视。

五、专项设计

（一）高固碳植物景观设计

1. 提升高固碳植物占比

提升高固碳植物占比的重点是利用长治市本土的高固碳乡土植物。在引入新的高固碳植物时，同时注重保护和利用现场已有的优质植物资源。例如，对于原有的白毛杨、悬铃木等生长良好的植物，不宜进行大规模替换，以保持生态平衡和视觉连贯性。

2. 植物种植层次设计

植物种植层次设计采用多层次的植物结构来增强生态效益和视觉美感。主要在适宜的区域大量种植乔木和灌木，以创造立体的绿化效果，同时优先选择固碳效率高的乔木品种。在绿地和其他不适合种植乔木的区域，考虑采用立体绿化的方式，如墙体绿化或屋顶绿化，以弥补植物层次的不足。在生活服务区域和公共活动区域的设计中，应重点考虑植物的遮阴效果，选择树冠宽敞、固碳能力强的树种。核心展示区的植物选择应着重考虑观赏价值和季节变化，结合多样化的花卉和地被植物，营造丰富多彩的景观效果。对于近水区域和临水台阶区域，应选用能够耐水且具有净水功能的植物，以实现生态和美学的双重效果。同时，在远离水体的区域选用低矮植物，以避免视线阻挡。

3. 立体绿化设计

（1）屋顶绿化设计。针对场地内建筑多为平屋顶且缺乏屋顶绿化的情况，本方案提出在合适的建筑上实施屋顶绿化工程。屋顶绿化不仅能够为城市环境带来更多绿色空间，还能有效减缓雨水流速、降低噪声、吸收和反射太阳辐射，从而减少建筑能耗。在屋顶绿化的同时，设计中考虑将收集的雨水用于灌溉、景观用水或过滤后排入河道，以实现水资源的高效利用。

（2）本设计中的垂直绿化主要应用于河道附近步道立面墙面、桥梁暗角及其他建筑物立面，以增加视觉效果并丰富植物层次。

1）网格式垂直绿化主要应用于水利工程构筑物立面。考虑到某些攀缘植物可能会对建筑物表面造成损伤，设计中提议使用废弃木材制成网格架，供攀缘植物生长，不仅增加绿色覆盖率，还能保护建筑结构。

2）水瓶型垂直绿化适用于人流量较大的滨河休闲区域立面。通过回收场地内的废弃塑料水瓶，创造出一种环保且美观的垂直绿化形式。这种方式既可以美化墙面，也可以用于宣传和信息展示。

3）布袋式垂直绿化适用于城市滨河步道立面。由于步道空间狭窄，不适合大型植物种植，通过布袋式绿化技术在有限的空间内创造多样化的绿色植物景观。

（二）铺装材料设计

1. 材料来源选择

在景观铺装材料的挑选中，优先考虑地理位置上接近的资源。具体而言，应首选山西省内及邻近省份如河南、河北的材料资源，考虑山东、陕西、内蒙古等地的铺装材料。最佳选择范围应控制在 200 千米内，最远不超过 500 千米。例如，可选用郑州的防腐木、山西本地的砂石、灵丘花岗岩、当地金属和塑胶等。以地方性材料为主，保证 70% 以上的材料为本地或邻近省份资源，同时注重选择具有透水性能的铺装材料。

2. 铺装形式优化

在保持同等硬质面积的条件下，通过采用透草砖或草坪与铺砌材料交错的铺装方式，减少铺装砖的使用量。在较少使用的边缘区域，例如小径和休息区，采用边缘虚化的设计，使草坪与铺贴地砖交错，以此减少人工材质的使用，同时增加绿化面积，提高场地的生态性和美观度。

（三）节能照明设计

1. 选择新型环保照明设备

结合场地特点，优先选用太阳能和风能作为照明设备的能源。考虑到场地内、清洁能源设备较少，提议增设太阳能路灯和风力发电设备。在照明设备材料方面，可考虑耐候性良好的钢板、木材、不锈钢和工程塑料制品，同时利用太阳能光伏板材。

2. 分散化照明布局

避免大范围的集中照明，采用分散布局和小规模的灯具配置。灯光高度适中，避免植物遮挡，确保照明效率。照明区域包括步道、广场、桥体、景观树等，采取层次化的照明策略。根据人流高峰和低峰时段调整照明强度，错开使用高能耗灯具，降低能源消耗。商业区的照明可与景观灯结合，减少不必要的照明设施。

3. LED 灯具的选择与应用

优先选择节能型的 LED 灯具。一级照明区突出城市滨水景观，使用草坪灯、灯带、埋地灯等；二级照明区结合文化氛围与道路照明，采用高压钠灯、景观照明路灯等；三级照明区维持生态稳定，使用低照度灯具；四级照明区满足居民日常照明需求，结合使用 LED 路灯和射灯等。

总体而言，照明设计应贯彻节能、低碳和环保的原则，通过合理布局和先进技术，实现城市滨水景观的美观与节能并重，推动城市滨水区向着可持续发展方向迈进。

（四）废弃物再利用设计

考虑到城市滨水地区下游煤矿产生大量煤矸石废弃物，这些废弃物可经过特殊工艺处理，转化为具有实用价值的建筑材料。具体而言，通过将煤矸石加工成煤矸石空心砖与实心砖，以及烧结透水砖，既解决了废弃物处理问题，又提供了环保建材。煤矸石砖的生产过程中，二氧化碳排放系数相对较低，尤其是在生产与运输环节。这种砖块的使用，相比传统砖材，能大幅减少碳排放。煤矸石烧结砖的制作包括原料选择、预处理、成型、干燥和烧结等多个步骤。通过科学配比和控制生产工艺，可以制造出抗压强度高、透水性能优异的砖材。

在城市滨水景观设计中，这些透水砖可广泛用于园路和小型广场的铺装，有效提升地面的透水性，同时降低能耗和碳排放。

总之，通过利用城市特有的废弃物资源，如煤矸石，不仅能减少废弃物对环境的负担，还能为城市滨水景观设计提供环保、低碳的材料选择，这对于实现“双碳”目标具有重要意义。

（五）宣传小品设计

1. 智慧碳积分跑道的创新

鉴于河道步道是市民日常跑步的热门场所，考虑在步道区域内增设碳积分记录器和识别设备。这不仅便于跑步者记录健身数据，而且可通过智能手机应用进行数据上传和积分兑换，有效结合运动与环保理念。

2. 太阳能设施的综合应用

结合太阳能技术和滨水景观设计，提出以下 3 项措施。一是太阳能宣传栏。将传统宣传栏升级为太阳能供能的电子宣传栏，不仅延长了使用寿命，减少资源浪费，还能实时更新信息。二是太阳能座椅。这种座椅将休闲与节能相结合，不仅为市民提供了休息空间，还为周围环境提供照明，推广清洁能源的应用。三是太阳能文化板。在桥梁等公共设施上增设太阳能板，既解决照明需求，又增添本土文化的展示。

3. 实物碳排放换算景观的应用

通过具体案例展示碳排放的影响，如每减少一个涤纶树脂矿泉水瓶的使用，可减少一定量的碳排放。

这些宣传小品设计不仅美化了城市滨水景观，还通过科普教育和互动体验，促进市民对“双碳”目标的理解和实践参与，有助于构建低碳环保的城市环境。

第六章　发展之美——基于高质量发展的城市滨水景观设计

本章旨在探讨基于高质量发展的城市滨水区景观设计，将高质量发展理念融入城市规划与景观设计中。这一主题的研究至关重要，因为城市滨水区作为城市的重要组成部分，其规划和设计直接影响城市居民的生活质量和城市的可持续发展。本章为城市规划和景观设计领域提供了高质量发展的理论和实践指导，有助于提高城市滨水区的品质和可持续性。通过本章的研究，可以更好地理解高质量发展与城市景观设计的关系，为城市规划者和设计师提供新的思路和方法。

第一节　高质量发展与城市滨水景观设计

一、高质量发展

高质量发展是一种综合性的发展理念，它超越了传统的以数量和速度为核心的发展模式，更加强调发展的质量、效率和可持续性。高质量发展在我国受到高度重视，是当前和未来一段时间内中国社会发展的主要方向。

高质量发展主要体现在以下 5 个方面。

（1）效率和效益的提升。高质量发展强调通过技术创新、管理优化等手段，提升生产效率，优化资源配置，提高经济效益。

（2）结构的优化升级。通过产业结构的调整，发展高技术和高附加值产业，减少对资源的依赖，提升产业链的现代化水平。

（3）创新驱动发展。创新是高质量发展的关键驱动力，包括技术创新、管理创新、制度创新等。

（4）环境友好与可持续性。注重生态保护，提倡绿色发展，强调在发展过程中实现经济、社会和环境的可持续性。

（5）人民生活质量的提升。重视改善民生，提高人民生活水平，促进社会公平和谐。

二、高质量发展的价值和意义

高质量发展的价值和意义主要体现在以下 4 个方面。

（1）经济层面。高质量发展有助于形成更加稳健和可持续的经济增长模式，减少资源的过度消耗，提高经济发展的质量和效益。

（2）社会层面。高质量发展有利于提升民生水平和社会福利，促进社会公平和谐、长期稳定和可持续发展。

（3）环境层面。高质量发展强调绿色发展理念，有助于减少环境污染和生态破坏，促进人与自然和谐共生。

（4）全球层面。作为世界第二大经济体，中国的高质量发展对全球经济的稳定和发展具有重要影响，可以为其他国家提供可持续发展的范例。

综上所述，高质量发展不仅关乎经济的稳定和增长，还涉及社会、环境和全球治理等多个方面，是一种全面、平衡和可持续的发展模式。

三、高质量发展与城市滨水景观设计的联系

在新时代中国特色社会主义背景下，我国经济发展步入新阶段，提出了高质量发展的理念。这不仅是国家经济健康持续发展的要求，也是应对社会主要矛盾变化、全面建设社会主义现代化国家的重要指导。高质量发展强调要适应新常态的经济发展，超越国内生产总值这一单一指标，注重创新驱动和长期发展。高质量发展理念旨在满足人民对美好生活的需求，促进经济发展模式的转变，解决人民日益增长的美好生活需要和不平衡不充分的发展之间的矛盾，是现代化经济体系建设的必由之路。

将高质量发展的理念应用于城市滨水景观设计，意味着要在规划和设计中综合考虑多维度因素。在城市滨水区设计中，不仅要考虑美观，还要重视生态环境保护、历史文化的继承与发展、社区居民的生活质量的提升。这样的综合考量可以优化城市空间，促进经济、社会、环境的和谐发展，为全面建设社会主义现代化国家提供坚实的物质和文化基础。

四、高质量发展对城市滨水景观设计的启示

高质量发展理念应用于城市滨水景观设计中，意味着需要在设计中融入更多的创新元素和社会文化价值。例如，在城市滨水区域的规划和设计中，不仅要考

虑美学和实用性，还应重视生态保护、历史文化传承和社区参与。

高质量发展对城市滨水景观设计的启示如下。

（一）构建高水平社会主义市场经济体制的启示

在高质量发展的背景下，构建高水平社会主义市场经济体制涉及多方面的改革和优化。第一，坚持和完善社会主义基本经济制度，既坚持公有制为主体、多种所有制经济共同发展，按劳分配为主体、多种分配方式并存，为经济高质量发展提供保障。第二，实现资源配置的市场化和政府角色的优化，发挥市场在资源配置中的决定性作用，同时加强政府在宏观调控、市场监管等方面的作用。第三，国资国企改革和民营经济发展是关键环节，通过改革提升国企竞争力，优化民营企业发展环境。第四，市场体系和营商环境的完善，以及宏观经济治理体系的健全，也是构建高水平社会主义市场经济体制的重要方面。第五，金融体制的改革和资本市场的发展同样不可忽视，需要加强金融监管，确保金融稳定，增加直接融资比重。

将高水平社会主义市场经济体制的高质量发展理念应用于城市滨水景观设计时，可以体现在以下几个方面。

（1）生态和环境保护。在滨水区的规划和设计中，强调生态系统的保护和可持续发展，可通过绿色空间的创造和生态恢复项目实现。

（2）文化和历史的融合。在设计中融入当地的历史文化元素，反映社区的特色，增强居民的文化认同感和归属感。

（3）经济活力的增强。通过设计促进商业活动和旅游业的发展，增强滨水区的经济活力和吸引力。

（4）社会参与和共享。在规划过程中，鼓励社区参与，注重听取公众的反馈意见，确保设计结果能够满足不同群体的需求和期望。

综上，高质量发展在构建高水平社会主义市场经济体制中的应用不仅体现在经济体制的深化改革上，而且在城市规划和设计，特别是城市滨水景观设计方面，展现了它对经济、社会、文化和环境综合发展的促进作用，体现了这一理念的广泛应用和深远影响。

（二）建设现代化产业体系的启示

在高质量发展的背景下，建设现代化产业体系对推动经济的可持续发展至关重要。这包括着力推动实体经济的发展，特别是在制造业、航天、交通、网络和数字经济等关键领域的发展，以提升中国在这些领域的国际竞争力。同时，产业基础再造与技术装备攻关也是核心内容，旨在推动制造业向高端化、智能化、绿色化方向发展。此外，大力发展战略性新兴产业，如信息技术、人工智能、生物技术、新能源、新材料等，构建新的增长引擎。服务业与制造业、农业的深度融合，数字经济的发展，以及基础设施的优化，也是建设现代化产业体系的关键部分。

这些战略应用于城市滨水景观设计中，意味着设计过程中不仅要考虑美观和功能性，还要融入现代化产业体系的发展需求。例如，在滨水区的规划中可以利用最新的信息技术和智能化设计，如智能照明系统、环境监测系统，提升区域的智能化水平。绿色发展与生态保护也至关重要，强调采用可持续材料和技术，保护和恢复自然生态。产业融合区的打造，集文化、商业、科技创新于一体，也是滨水景观设计的一个重要方向。此外，基础设施与景观设计的协调，如交通、物流系统的有效整合，也是提升滨水景观整体功能性的关键。

综合来看，将现代化产业体系的建设理念融入城市滨水景观设计，有助于提升该区域的经济、技术和生态价值，同时促进社会和文化的综合发展。这不仅体现了高质量发展的深远意义，也展示了其在具体应用领域中的实际价值和影响。

（三）全面推进乡村振兴的启示

在中国特色社会主义现代化建设的进程中，乡村振兴战略作为实现全面发展的关键组成部分，不仅关注农业农村的发展，而且与城乡融合、生态文明建设、社会和谐紧密相连。乡村振兴的核心内容和目标包括农业农村的优先发展、乡村产业、人才和文化振兴、乡村生态与环境保护、乡村组织和经济体系的完善，以及农村土地制度的改革。

将乡村振兴战略应用于城市滨水景观设计，可以通过多种方式实现。首先，城乡融合的景观设计可以在滨水区融入乡村元素，比如采用传统乡村风格的设计或创建农业体验区，增强城市居民对农业和乡村文化的理解和体验。其次，引入生态农业项目，如都市农园，不仅可以丰富城市景观，还可以促进绿色生态的发展。此外，滨水区规划可以考虑设立农产品直销市场、乡村手工艺展览区等，促进乡村特色产业与城市经济的互动和融合。最后，通过展示乡村文化和传统工艺，可以丰富城市文化内涵，加深城市居民对乡村生活的认识。

总之，将乡村振兴战略与城市滨水景观设计相结合，不仅能提升城市景观的多样性和文化内涵，还能促进城乡融合发展，实现经济、社会、文化和生态的和谐共生。这种融合不仅展示了乡村振兴战略的广泛应用，也是实现高质量发展的重要手段之一。

（四）促进区域协调发展的启示

在中国特色社会主义现代化建设的全局中，区域协调发展战略是优化国土空间和区域经济布局的关键，旨在实现不同区域间的优势互补和高质量发展。这包括两个方面。一是实施各类区域发展战略，如西部大开发、东北全面振兴、中部加速崛起、东部加快现代化；二是实施主体功能区和新型城镇化战略。城市群和都市圈的协调发展，城市规划、建设和治理的提升，以及海洋经济的发展与生态保护，也是区域协调发展的重要内容。

将这一战略应用于城市滨水景观设计，可以从多个方面入手。首先，滨水区的设计应融入区域文化、历史和地理特征，反映区域的特色和优势。其次，注重生态保护和环境恢复，采用绿色和可持续的设计理念，保障水体的生态安全。此外，设计中可以整合商业、休闲、旅游等功能，促进地区经济的多元发展。城乡融合与均衡发展的理念也应在设计中得到体现，促进城市与周边乡村的互动和协调发展。最后，利用现代科技，如智能化管理系统，提升管理效率和居民生活质量。

综合来看，将区域协调发展战略融入城市滨水景观设计，可以促进区域间的经济、文化和生态互补，同时提高城市的宜居性和可持续性。这种设计思路不仅符合区域发展的需要，而且对实现全国范围内的高质量发展具有重要意义。

（五）推进高水平对外开放的启示

在全球化的背景下，中国的高水平对外开放战略处于转型的关键时期，旨在利用中国庞大的市场优势，吸引全球资源，加强国内外市场和资源的联动，提升贸易和投资合作的质量。这涉及贸易的优化升级、外资准入和投资环境的优化、“一带一路”的高质量发展，以及区域开放布局的优化。

将高水平对外开放战略融入城市滨水景观设计，可以通过以下几个方面实现。首先，设计中应创造适合国际交流和合作的空间，如国际会议中心和文化交流中心，以促进国际合作和文化交流。其次，利用滨水区的优势吸引全球资源和技术，促进区域经济的国际化发展。此外，景观设计中融入多元文化元素，展示开放包容的城市形象，增强城市的国际吸引力。最后，打造高标准、智能化的基础设施，如智能交通系统和绿色建筑，提高城市的国际竞争力。

综上所述，高水平对外开放战略的深入实施不仅推动了中国经济的进一步开放，促进国际合作，而且在城市滨水景观设计中体现出全球视野和国际合作的理念。这种设计不仅可以使城市发展与国际标准接轨，而且实现了更加全面和高质量的发展。

第二节　高质量发展指导下的城市滨水景观设计原则与策略

一、高质量发展指导下的城市滨水景观设计的原则

（一）生态保护规划的原则

1. 维护水体生态

在高质量发展指导下的城市滨水景观设计中，保护水环境是一个至关重要的原则，涉及水资源的合理利用和水质的持续改善。城市滨水区不仅是城市美丽的风景线，更是展示城市对水环境保护和可持续发展承诺的重要区域。具体表现在以下方面。

（1）水量管理与调配。针对上游来水量不足、河道渗漏、补水点分布不均等问题，需要制定科学的水资源管理和调配方案，包括与水利部门合作，综合考虑区域水资源状况、河道外引水量和生态需水量，确保河道水量的稳定性和生态系统的需求。

（2）水质改善与污染防治。面对城乡污水排放、河床内种植养殖、农业面源污染等外源污染问题和内源污染问题，设计中应有污染源头控制和污染治理措施。例如，引入污水处理和生物净化技术，加强对河道内养殖活动的管理，减少污染物排放，提高水体的自净能力。

（3）生态流量泄放的保障。确保河道的生态流量泄放，以维持河流的自然生态功能和生物多样性。这可能涉及调整上游水库的放水策略，或者在必要时进行人工补水。

（4）水环境监测与评估。建立水环境监测系统，定期评估水质状况和生态情况，以便及时发现问题并采取措施。

2. 构建生物生存空间

构建丰富多样的生物生存空间，以保护生物多样性。这一原则不仅关注基本的生态需求，如生物生存所需的水源，还涉及更广泛的生物保护和修复工作，以及生物多样性的维持。以下是该原则的具体体现。

（1）生物多样性的详细调研与分析。在设计之初，应通过整理和分析历年的相关资料文献，细致地调查滨水区内各类生物的数量与分布，包括陆生植物，湿生植物，鸟类、鱼类、两栖类、爬行类、兽类等脊椎动物，以及一些无脊椎动物。

这一过程应综合考虑各类生物的生存和栖息条件，评估滨水空间生物质量的现状。

（2）利用热力图识别重要生物。借助热力图技术，特别是以水生生物质量的指征物种——鸟类的出现频率作为关键指标，识别生物出现频率高的区域。这些区域往往是保护生物多样性的热点区域，需要优先保护。

（3）分级保护与培育策略。根据热力图和生态调研的结果，识别并区分不同类型的生物，包括条件良好的保护生物、基础较好的重点培育生物，以及潜在的修复生物。针对不同类型的生物，制定相应的保护、培育和修复措施。

（4）生物保护廊道的设立。设计并划定生物保护廊道，以促进生物种群之间的流动和生物间的连接。这些廊道的规划应基于滨水区流域内各段生物出现频率的调研数据，同时考虑鸟类及小型生物迁徙所需的最小廊道宽度。

（5）水质与河岸特征的综合考量。在生物空间的规划中，需要考虑水质、水生植物状况、河岸形态等因素，以确保所营造的生物空间能够有效支持生物多样性。

3. 创建生态稳定格局

创建生态稳定格局原则强调在保护水环境和拓展生物空间的基础上，进一步发展一个安全、稳定、能促进生态韧性的生态格局。具体表现在以下方面。

（1）生态格局现状评估。根据土地利用现状调查数据，分析区域内林地、草地、耕地、园地等生态基质的比例关系和斑块破碎度的变化趋势。同时，评估河道断流和堰坝对水体连通性的影响，以此识别生态安全格局中的关键问题。

（2）生态网络模型的构建。使用海拔、坡度、林地景观安全水平等参数构建数量模型，识别生态系统中的关键“源”和“汇”斑块。同时，利用生态扩散阻力面和生态扩散耗费的数理模型，分析并确定连通“源”和“汇”的生态廊道。

（3）生态空间结构的设计。在“源”“汇”“廊”模型的基础上，构建一个多层次、网络化、功能复合的生态空间结构，实现“山水交汇，蓝绿交融”的生态安全格局。这包括对各个生态斑块和生态廊道提出具体的管理和保护措施。

（4）生态基质的管控。对森林、草地、农田、城市等不同生态系统提出相应的管控要求，以确保整体生态安全格局的稳定和有效性。

（5）流域气候风险防护与恢复能力的提升。通过建立河流与周边区域的生态网络联系，提高整个流域的气候风险防护能力和生态系统的快速恢复能力。

（6）促进碳中和与生态韧性增强。综合考虑碳中和的目标，通过有效的生态安全格局规划，增强流域的生态韧性和安全性。

4. 实行空间监管

实行空间监管是保证生态保护规划得以有效实施的关键环节。这一原则涉及对河道管理、生态保护及建设协调的精细化控制，确保生态安全和环境质量的持续改善。具体表现在以下方面。

（1）“三区”划定与“四单”制定。按照“三区四单”原则，分级划定河道管理范围（河道管理区）、生态保护控制范围（生态保护区）、建设协调控制范围（建设协调区）。同时，依据《中华人民共和国水污染防治法》和《中华人民共和国河道管理条例》等相关法律文件，制定正面清单、负面清单、生态补偿、建设协调引导四类管控清单。

（2）河道管理区的管控。河道管理区的划定，依据区县水利部门提供的资料，采用负面清单管理方式，明确在河道管理区内禁止的活动和建设项目。

（3）生态保护区的管控。结合生物保护廊道、生物空间、生态红线等相关管控线，划定生态保护区。该区域采用正面清单、负面清单、生态补偿相结合的管理形式，对新建和扩建项目进行严格限制，同时在城镇开发边界内允许必要的文物保护和管理设施布局，对于传统村落或保护建筑等特殊建筑群体，可以通过设置绿化节点等形式进行生态补偿。

（4）建设协调区的管控。建设协调区的划定综合考虑流域汇水、生态绿地等要素，采用负面清单与建设协调引导要求相结合的方式进行管理，确保建设活动与生态保护规划相协调。

（二）高质量发展规划原则

1. 确保发展底线

确保发展底线原则要求在产业发展和空间规划中既要考虑生态保护，也要考虑经济可持续性。具体表现在以下方面。

（1）产业发展趋势分析。需要对现有的产业基础、资源特点及地方国民经济发展计划进行深入分析，从而研究出与河流沿线生态保护相协调的产业发展趋势。例如，可以探索泛旅游业、绿色农业、文化创意产业等领域的发展潜力。

（2）生态保护与产业发展的融合。在“三区四单”生态保护规划的约束下，制定产业发展方向，确保产业发展与河流沿线的生态保护相得益彰。这意味着产业发展必须在不损害生态系统的前提下进行。

（3）空间规划的退河策略。在沿河区域，规划应注重生态保护和恢复，如慢行游览路径的布局，同时在河流腹地进行服务性和发展性建设，以此来实现生态保护与经济发展的平衡。

（4）以线带面、辐射扩大、城市融合。沿河景观规划不仅限于河岸线本身，而是以线带面的策略，向周边地区扩大辐射，促进区域内的经济、社会和文化发展，并有效地融入整个城市的发展格局。

2. 提升发展效率

提升发展效率原则着重于通过优化资源利用和协调发展策略，提升滨水区的整体价值和功能性。这一原则要求在滨水景观设计中有效整合和利用流域资源，形成有机、高效的发展模式。具体表现在以下方面。

（1）流域资源整合。在设计滨水景观时，首先需要对滨水区流域内的自然资源和文化资源进行全面的梳理和评估，包括了解区域内的物理地理特点、生态系统状态、历史文化遗产、当地社区特色。

（2）产业方向与资源匹配。根据流域的资源特点，确定与之相匹配的产业发展方向，如旅游业、生态农业、文化创意产业等。这些产业应与滨水景观的特性紧密结合，利用滨水区的景观资源来吸引游客和促进地方经济发展。

（3）高效利用滨水空间。在滨水区规划中，应着重于有效利用沿河的资源，如设置景观步道、观景平台、文化展览区等，使之成为吸引人流和活动的中心地带。

（4）生态与发展的平衡。在提升发展效率的同时，确保生态系统的完整性和健康。这意味着在进行产业开发时，需考虑对水体、生物多样性的影响，保护河岸的自然生态。

（5）产业网络的构建。在产业发展中，形成资源导向型的产业网络，这样的网络应促进沿岸区域之间的协作和资源共享，形成协同效应。

（6）流域协同发展。滨水景观设计应不只考虑单一区域，而应考虑整个流域的协调发展，实现区域间的互联互通和功能互补。

3. 探索发展的战略入口点

这一原则要求在滨水景观设计的过程中，不仅要考虑美学和功能性，还要考虑如何通过设计来推动整个流域的经济和文化发展。具体表现在以下方面。

（1）识别和利用核心资源。需要对滨水区流域内的核心资源进行深入分析和识别。这些核心资源包括独特的自然景观、历史文化遗产、地方特色产业等，是构建品牌和推动发展的基础。

（2）品牌资源的分段提炼。在全流域产业发展框架的基础上，对不同区段的品牌资源进行精细化提炼，打造具有区域特色的点、线、面结合的品牌项目。这些项目不仅能够成为区域的名片，还能够减少滨水区流域内的同质化竞争。

（3）品牌项目的打造。结合滨水景观的特点，设计和打造一系列旨在突出核心资源的品牌项目，如特色景观区、文化活动、旅游路线等。

（4）网络化营销与节庆活动。利用网络化媒介、多元化营销渠道和综合性节庆活动等手段，有效推广品牌项目，吸引游客和投资，增强流域的经济活力。

（5）避免同质化竞争。通过打造独特的品牌项目，避免在滨水区流域内出现相似的发展模式和竞争，确保每个区域都能根据自己的特色和优势进行发展。

4. 实施项目空间规划与相关支持措施

以品牌项目为核心，以资源为基础，在空间布局上合理安排和组织各类发展项目，同时建立完善的配套设施，以支持整个滨水区的可持续发展。具体表现在以下方面。

（1）品牌项目的空间布局。需要根据滨水区流域内的核心资源和已确定的品牌项目，进行空间布局规划。这意味着将各类项目如旅游景点、文化活动区、商业设施等，根据其特性和流域资源的分布进行合理布局。

（2）项目库的建立与管理。为有效管理和指导滨水区流域内的项目发展，建立一个项目库，其中包含各类项目的详细信息、规划方案和发展潜力。这个项目库将作为未来城市滨水区建设和发展的重要参考。

（3)道路交通与慢行体系建设。规划和建设合理的道路交通网络和慢行体系，以便促进滨水区流域内各区域之间的便捷联系，包括考虑交通连接、公共交通系统的优化、行人和自行车路径的规划。

（4）风貌引导与环境美化。在项目空间布局中融入风貌引导和环境美化的元素，以提升整个流域的审美价值和文化吸引力。这可能涉及建筑设计、景观绿化、公共艺术装置等方面的考量。

（5）配套设施的完善。确保滨水区内的基础设施和公共服务设施能够满足未来发展的需求，如水电供应、废物处理、紧急服务等。

（三）文化内涵强化原则

这一原则不仅强调滨水风景区在传承水文化、教育和科普活动上的重要作用，还强调其在整体环境品质提升方面的重要性。具体表现在以下方面。

（1)水文化的深度挖掘与传承。充分利用滨水风景区的地理优势和历史文脉，挖掘和传承当地的水文化特色，包括结合灌溉工程遗产、水利研学等资源，进行水文化和水科普的宣传与教育活动。

（2）景区整体布局与资源活化。在规划滨水风景区时，统筹考虑整体布局，合理利用现有建筑、设施和闲置场所，将其转化为展示水工程、普及水知识、宣传水文化和推广水科技的平台。

（3）基础设施的完善与提升。加强滨水风景区内的游览道路、停车场、厕所、供水供电、网络通信和游客信息服务等基础设施建设，确保游客的便利和舒适体验。

（4）公共服务的优化。围绕重点游览区域，完善游客咨询、标识导向等公共服务设施，以提升游客的导览体验和满意度。

（5）游览服务设施的合理布局。根据滨水风景区的类型特征、功能定位和环境容量，合理布局游览服务设施，如餐饮、住宿、娱乐、服务中心等，全面提升滨水区的整体档次和吸引力。

（四）水生态产品价值实现原则

这一原则旨在通过深入挖掘滨水区的资源优势，实现生态价值的经济化，同时促进滨水区的生态、社会和经济综合效益提升。具体表现在以下方面。

（1）水生态产品价值的挖掘与转化。对滨水风景区的自然资源和水生态产品进行深入分析，识别其潜在价值。探索有效的价值转化机制，如开发生态旅游、文化体验活动、特色产品销售等，以实现生态资源的经济价值。

（2）景区与水经济的融合发展。“景区＋水经济”的融合发展模式意味着将滨水风景区的自然景观、文化和生态服务与水经济相结合，形成一个互补互利的发展系统。

（3）市场融资渠道的拓展。为了全面提升滨水风景区的发展潜力，需要拓展市场融资渠道，创新投融资机制。这包括利用政府资金、社会资本、民间投资等多元化的融资途径。

（4）政府与市场的协同发力。在滨水风景区的建设和运营中，推动政府和市场双轮驱动。政府提供政策支持和引导，市场则通过投资参与，共同促进滨水区的持续健康发展。

（5）社会资本的积极引入。有序引导和鼓励社会资本参与滨水风景区的建设和运营，通过公私合作等模式，实现资源共享、风险共担、利益共享。

（五）品牌形象塑造原则

这一原则要求通过有效的宣传策略和活动，提升滨水风景区的知名度和影响力，同时深化公众对滨水风景区价值的认识。具体表现在以下方面。

（1）长效宣传推广机制的建立。需要建立一个持续有效的宣传推广工作机制，确保滨水风景区的持续曝光和正面形象维护。

（2）深入报道与舆论宣传。通过媒体和网络平台，开展滨水风景区的深度报道和积极舆论宣传，讲述滨水风景区的独特故事和文化价值，提升品牌形象。

（3）重大活动的策划与执行。利用“世界水日”“中国水周”等重要节日或活动节点，开展一系列的宣传活动，如主题展览、文化节、科普讲座等，强化滨水风景区的品牌效应。

（4）资源要素的整合与优势融合。充分整合滨水风景区的自然资源、文化资源和社会资源，促进这些资源的深度融合，形成特色鲜明的品牌形象。

（5）滨水风景区优选工作。定期开展滨水风景区的优选评估，挑选出具有代表性和示范性的优秀案例，并通过发布会等形式进行展示和推广。

（6）品牌知名度与形象的提升。通过持续的宣传活动和优秀案例的展示，进一步提升滨水风景区的品牌知名度和形象，让公众认识和了解滨水风景区的价值与特色。

（六）政策导向原则

这一原则要求基于当前的发展实际，构建一个全面、科学的政策体系来引导和支持滨水风景区的发展。具体表现在以下方面。

（1）优化申报认定机制。针对滨水风景区的申报认定，制定或优化明确的要求和流程指引，提高申报认定的效率和透明度，确保景区符合一定的标准和质量要求。

（2）出台省级滨水风景区管理办法。在省级层面制定滨水风景区的管理办法，加强对景区管理和服务水平的指导和监督，保障滨水风景区的有序运营和高质量发展。

（3）制定全面的政策措施。科学制定涉及用地保障、立项审批、建设管护、资金投入、投融资等方面的政策措施，以提升市场主体在景区建设中的积极性和动力。

（4）河湖长制考核加分项。考虑将滨水风景区的建设和发展纳入河湖长制考核的加分项，并增加相应的水利工程管养经费，激发地方政府的申报和建设积极性。

（5）滨水风景区评价标准与等级划分。出台滨水风景区的评价标准，合理划分不同等级的滨水风景区，促进景区的提档升级，确保其发展质量。

（6）成立滨水风景区协会。探索成立滨水风景区协会，发挥其在政府、市场之间的桥梁和纽带作用，协调资源，促进各方力量的有效合作。

二、高质量发展指导下的城市滨水景观设计的策略

（一）滨水区规划的理念转变

1. 从“水域本体”向“水陆一体化”演进

“水域本体”向“水陆一体化”的转变意味着在滨水区的规划与设计中，不再把水域和陆域视作孤立的元素，而是作为一个整体进行全面的考量和规划。以下是实现这一转变的几个关键点。

首先，跨专业综合规划是必要的。在传统的滨水区规划中，各种类型的规划包括滨水区规划、绿地系统规划、道路交通系统规划、景观规划等，往往是分离进行的。这种分散的规划方法难以从系统性和针对性的角度解决河道相关的问题。因此，“水陆一体化”的规划意味着需要跨专业、全面地进行规划，把水域与陆域的规划统一整合。

其次，要实施一体化设计。在“水陆一体化”的设计框架下，设计要素不仅包括水域空间，还应将沿岸的陆域空间纳入考虑，包括滨水空间、市政道路、沿河的第一街坊等。通过一体化的设计，可以更系统地处理河道及周边区域的综合问题。

再次，统筹协调是一大挑战。考虑到不同规划目标和侧重点的差异，建立一个高效的协调机制变得至关重要，以确保各种规划在目标和策略上能够相互补充，形成统一的规划方向。

最后，系统性问题的解决也是这一转变的关键。通过“水陆一体化”的规划和设计，可以更全面地考虑河流与周边城市空间的互动关系，有效地解决滨水区在生态恢复、景观提升、城市活力增强等方面的问题。

2. 从“功能单一性”走向“多元复合性功能”

历史上，城市滨水景观设计主要集中在工程学的范畴内，重视河道的治理和安全，但往往忽略了河道及其周边地区的综合功能设计。这种单一功能的设计取向导致许多河岸区域失去活力，成为城市的边缘地带，与城市其他部分的融合度不足。这些区域未能在城市生态系统中充分发挥其潜在作用，也未能满足居民日益增长的休闲、文化和社交需求。

在城市高质量发展的新阶段，城市规划与设计的焦点逐渐转向了以人为中心的理念。基于这一理念，需要对城市滨水区进行重新思考和设计，使之从单纯的水体管理工程转变为城市生活的积极组成部分。这要求设计时引入多元化的功能元素，例如休闲娱乐设施、文化艺术空间、生态教育区等，以增强河岸线的活力，并促进其与城市其他区域的互动和连接。通过这样的设计方式，河道及其周边不

仅可以成为城市景观的亮点，更能成为提升城市整体生活质量的关键区域。

3. 由“分散管理”向“综合治理”演进

在以往的城市滨水区治理中，常常涉及多个部门和不同政府层级的参与，如规划局、建设局、水利局和城市管理局等，这种多头管理方式导致河道治理工作中协同性不足，影响了河道整体治理和发展的效率和质量。

在新的发展阶段中，河长制的建立代表了治理模式的重要进步，通过跨部门协调，有效整合了资源和力量，促进了河道治理工作的协同发展。但鉴于河道治理是一个长期且复杂的过程，不仅需要协调与管理，更需全面考虑规划、设计、建设、管理、运维等各方面的统筹整合。这意味着从设计阶段起就需要考虑到长期运维与管理的需求，确保项目的各个环节能够无缝衔接，形成一个高效、协调的综合治理体系。这样的综合治理方式更符合城市高质量发展的要求，能够使城市滨水区成为城市可持续发展的重要基石。

（二）塑造与地域特征适应的滨水生态河道

1. 融入城市生态格局

在当前城市发展的高质量阶段，对城市滨水区的河道设计，强调的不仅是其在城市中的物理存在，更重要的是其作为城市生态系统骨架的关键部分。河道，无论是广阔的江河还是细小的溪流，在构建城市空间的同时，也是维系城市生态平衡的重要元素。这些水体不只是自然环境的一部分，它们在维护城市生态多样性中扮演着核心角色。例如，不同的城市通过其河道的大小和形态来展现自身的特色与魅力，无论是宏伟壮丽的大河还是细腻优雅的小溪，都在为城市增添独特的风貌。

2. 塑造滨水河道自然生态形态的设计与实现

城市滨水区的河道不仅是城市物理空间的一部分，更是城市生态系统的重要支撑。将河道有效地融入城市的总体生态规划中，不仅可以突出城市的独特性，还能促进城市内外环境的和谐发展，这对实现城市的高质量发展具有重大意义。

以上海为例，通过其主要河流网络，连接了城市中心、各个主要城区、新兴城镇、乡村地区，形成了一个以水为核心的综合生态体系。这种规划不仅反映了水体在城市生态结构中的重要地位，而且展现了城市与自然环境之间的和谐共生。在这样的规划指导下，城市的每一个角落都能够感受到水的生命力，无论是在繁华的市中心还是在宁静的乡村，水体都成为连接城市各部分的关键元素。

3. 加强河道截面和护岸设计，以适应地方特色

在城市滨水区的生态河道设计过程中，特别是在高质量发展的框架下，对河道断面和护岸的设计需要密切关注地理环境和功能需求的适配性。这种设计方法不仅包括对河道断面结构和坡度的精心规划，而且涉及满足防洪安全等多重要求，旨在确保河道设计的适用性与安全性。

以北京为例，根据不同的地貌特征，该市对河流断面做出了差异化的设计规定。在山区地带，推崇保持河道的自然状态，尽量减少对原有地形的人为改动；在平原区域的河道，则倾向于保留或恢复其自然形态，如采用梯形或复合式断面。除此之外，北京的规划还特别强调需要顾及当地气候特性，如选用适宜的植物种类和考虑动物栖息环境。对于水位波动较大的河道，北京采取了灵活的改造策略，例如，丰草河的案例，通过调整部分河道断面，保证了丰水期的排洪能力，同时在枯水期提供了亲水休闲空间。

在护岸设计方面，上海提出了适应地理环境的具体指导原则。在地形宽敞、河口较大的区域，尤其是城镇和乡村新开辟的河道，建议使用斜坡式护岸以恢复河岸的自然状态。对城市中心和郊区的狭窄河道，考虑到河道宽度有限和流量强的特点建议采用垂直式护岸。这种多元化的设计思路不仅满足了实际的功能需求，同时也融入了城市的整体美学和文化元素。

综上所述，在城市滨水景观设计中，针对地方特色强化河道断面及护岸设计，是一个至关重要的步骤。这种设计不仅要考虑河道的实用功能和安全性，还应注重其与周围环境的和谐融合和地方文化的体现。在推动城市高质量发展的大背景下，这种注重细节和适应性的设计理念，对提升城市的整体生态环境和居民生活品质具有极其重要的意义。

（三）塑造具有蓝绿交织特性的抗灾安全河道

在城市滨水景观设计的高质量发展策略中，构建符合地域特征的生态河道，特别强调蓝绿交织的安全河道的构建。这一策略的核心在于确保城市安全，提高城市对洪水灾害的防御能力，并建立一个有韧性的防洪体系，作为其他相关工作的基础。

首先，关于构建系统性的蓝绿空间体系，以北京市的河道为例，该市通过确立河道蓝线和绿化控制线，系统性地构建了蓝绿空间体系。这种做法，一方面，通过设立绿化控制线，确保城市建设与河道之间保持适当距离，营造开阔且通透的城市景观；另一方面，便于河道的管理和生态恢复。

其次，构建安全有韧性的防洪体系。这需要结合城市防洪排涝的规划，完善整体的防洪体系。具体方法包括对主要河流和关键的中小河流进行标准化治理，以及完善水库、蓄滞洪区等工程体系，从而形成一个安全而有韧性的防洪体系。

最后，落实海绵城市的概念。这涉及实现“自然积存、自然渗透、自然净化”的基本理念，通过在河岸空间建设各类海绵城市设施，有效控制雨水径流，减少初期雨水污染，优化雨洪管理。这种做法是通过充分利用空间来赢得时间，实现对雨水的更有效管理。

（四）建设融入民生、提升人民福祉的宜居滨水区

在高质量发展指导下的城市滨水景观设计中，塑造既融入人民生活又增进人民福祉的宜居滨水区是核心目标。在许多城市，尤其是老城区，由于建设的密集和公共空间的不足，河道空间成为城市中最大的连续开放空间。因此，河道成为城市公共生活展示和体验的理想场所。一个优质的河道应该是融入人民日常生活并增进人民福祉的河道。例如，上海制定了目标，强调河道空间与城镇布局的相互依存和融合关系，提出了“开放可达、复合多元、品质魅力”的具体目标。而北京则从多个维度着手，如亲水廊道、滨水空间等，力求打造能够增进人民生活福祉的宜居活力之河。这两个城市都在强调可达性、公共开放性和多样性。

1. 可达性

在一些城市中，河道的可达性这一关键要素受到其他城市构建要素的影响。老城区的建设密集，导致河道旁的带状空间成为唯一的开阔地带。在城市交通改造时，河道旁往往成为建设道路的选择地点，导致河道与居民日常生活的割裂。此外，河岸两侧缺乏足够宽阔的公共空间，岸线被居住、工业等建筑占据，使得河流难以被人们看到和感知。因此，提高河道的可达性成为水道改造的首要任务。如上海已完成黄浦江滨江岸线的连通工程，其他城市如广州和成都也在进行滨江岸线的连通工作。为提高可达性，上海和北京提出了多种解决方案。

一种解决方案是增加垂直河流通道来加强可达性。例如，上海在苏州河沿岸增设多条垂直河流慢行通道，加强公共服务设施与河岸活动的联系。在关键节点的设置上，公共活动型河道约每 1 千米设立一个节点，而生活服务型河道则按 1.5 千米至 2 千米的标准设立。然而，在历史地段和生活服务型河岸段实现理想的节点间距较为困难，需要根据具体情况进行综合性研究。

另一种解决方案是调整道路系统来提高可达性。这需要对区域交通进行整体规划，协调慢行交通与其他交通线路。北京的河道则要求新建的沿河道路等级不应高于城市支路，并建议在河道绿化控制线外设置。对于现有的紧邻滨水空间的高等级道路，通过降低等级和减少数量来降低前往滨水空间的障碍。

2. 公共开放性

公共开放性是一个关键要素。这一目标的实现依赖于河岸空间的活力激发，

其中开放性是基础。如果河岸空间不便于使用或根本无法使用，那么人们到达该处和开展活动的意愿自然会减弱。例如，在上海的实践中，不论是公共活动型河道还是生活服务型河道，均强调尽可能地向公众开放滨水空间。

（1）需要增强滨水空间周边一层建筑的公共性。这可以通过引入文化、商业、休闲等多种功能，促进城市活动在河岸区域的展开。同时，适当增设出入口，打开建筑与外界的界面，并采用通透的立面设计，以促进内外空间的无缝融合。

（2）沿河应建设连续、安全且人性化的滨水慢行通道。在上海的规划中，这些通道的宽度不小于 3 米，即使在空间受限的区域也保证至少 2 米宽，而在人流量较大且空间条件允许的区域，可以适当增加通道宽度。对于因单位、设施或其他因素造成的通道中断点，应采取逐步改善的策略，如“针灸式”干预，以实现河道的连续贯通和整体开放。

3. 多样性

城市体验的丰富性和多样性是人们追求的目标，以上海和北京为例，这两个城市都致力于通过水岸的设计来提升城市的多元化特色，实现水岸与城市功能的有机融合，无论是商业还是旅游，都能在水岸找到其适宜的位置。

关于功能的多样性，涉及将创意、博览、办公、商业、消费、体育和游憩等多种功能融入滨水区，旨在营造一个多元化的功能空间。

关于空间设计的整体性，要求综合考虑特定区段及周边环境的特点，形成包含多元场所、多层次河岸、多样路径和多样设施的综合空间。多元场所的形成，依赖于场地和滨河绿地的一体化设计，通过采用不同的风格和差异化的标高设置等设计手法，创造独特的空间体验。多层次河岸的构建，则是在景观设置上的多元化，避免单一的垂直河岸设计，丰富滨水空间的趣味性。而多样的路径选择，则是通过设置漫步道、跑步道、骑行道等，满足不同人群的需求。至于多样的设施，则需要在保证防汛安全、使用安全和便于管理的前提下，精心设计桥梁、码头、栈桥、平台等，以提高空间的亲水性和提升区域整体品质。

（五）构建历史传承与未来开拓并重的人文滨水区

1. 恢复历史水系

在高质量发展指导下，恢复历史水系是重要举措。以北京市为例，该市提出了逐步恢复并利用历史水系的策略，将这些历史水系整合到当前的城市格局中，并在恢复过程中强调周边传统风貌的塑造。

具体来说，北京市的古三里河保护规划是一个突出的例子。古三里河在北京前门地区的传统城市肌理形成中扮演了关键角色。在其保护和规划中，依据历史河道的原始位置和走向进行设计，同时考虑现有的环境和条件约束，确定了三里河水系景观修复的范围。这种做法旨在提供一个既展示文化魅力又符合历史真实性的空间，同时促进历史与现代的和谐共存。

通过这样的策略，不仅能够保护和弘扬城市的历史文脉，也能够在现代城市发展中，通过历史水系的恢复与整合，为城市注入更多的人文和历史内涵。这种将历史水系恢复融入城市布局的做法，是在城市滨水景观设计中实现高质量发展的重要一环，同时也是建设具有深厚文化底蕴和历史传承的人文滨水区的关键步骤。

2. 建立以水体为连接线的文化路线

建立以水体为连接线的文化路线，旨在传承历史并展望未来。以北京市为例，该市通过皇家园林、大运河、西山永定河等一系列以水为纽带的探访路径，实现了这一目标。这些路径不仅串联了城市中具有历史价值的工业遗址、水工建筑、古树名木等历史遗存，而且形成了一条完整的文化体验线路。

这种设计策略使市民能够通过步行、游船等多种方式，深入体验城市的悠久历史和丰富文化。通过这样的文化线路，水岸空间不仅成为连接历史遗迹的纽带，也成了市民和游客体验城市历史文化的重要场所。这样的设计不仅促进了历史文化遗产的保护与传承，还增强了市民对城市历史和文化的认同感，同时为城市增添了独特的人文魅力。

总体而言，通过构建以水为纽带的文化线路，城市滨水景观设计不仅实现了对历史的深入探索和传承，还为市民和游客提供了丰富的文化体验。这种设计理念在推动城市高质量发展的过程中，展现了城市的深厚文化底蕴和历史价值，同时也为城市的未来发展打开了新的视野。

3. 利用河道形成独特文化区域

在城市滨水景观设计的高质量发展战略中，将河道及周边区域转化为具有独特文化特色的街区不仅传承了历史，也为城市的未来发展开启了新的篇章。以上海市为例，该市通过对河道两岸资源的细致梳理，将滨水区的历史遗存分为 4 种类型：滨水工业遗存、滨水居住建筑、滨水公共建筑、古树名木和其他历史建筑物等。基于这些分类，对每一类遗存的更新利用提出了具体的导向性指引。

对那些拥有众多滨水历史遗存的区域，通过恢复和重现茶馆、食肆、商铺等传统生活场景，可以打造出具有浓厚地方文化特色的街区。这种方法不仅使历史遗迹得以保护和活化，而且赋予了这些区域新的生命力和吸引力。此外，在沿河空间较为宽裕的区域，还可以引入现代生活方式，定期举办各类文化和体育活动，如开放式音乐会、演出、马拉松等，这些活动不仅丰富了市民的文化生活，也进一步提升了城市的活力和吸引力。

总之，通过这种方式，可以在保护和弘扬城市历史文化的同时，为市民和游客提供丰富多彩的体验空间，增强了人们对城市文化的认同和归属感，为城市的未来发展注入新的动力。

第三节　案例分析

在探索城市滨水景观设计的高质量发展路径中，黄河流域的生态保护与开发利用成为重要的研究对象。其中，兰州、郑州、济南等地的滨水景观设计案例为我们提供了宝贵的经验。通过对它们的分析，我们将深入了解城市滨水景观设计的前沿理念与实践经验，为其他城市的滨水景观设计提供有益的借鉴和启示。

一、通过打造优美山河来促进黄河流域的生态保护和高质量发展

在城市滨水景观设计的高质量发展框架下，黄河流域的生态保护和发展取得了显著成效。

（一）具有美丽景色的兰州黄河风情线

在高质量发展的背景下，兰州市黄河风情线的改造与提升是城市滨水景观设计领域的一个典型案例。在过去几年中，兰州市通过精心规划，使得黄河兰州城区段焕发新的生态活力和文化魅力，呈现出新的风貌。

具体来说，兰州市对黄河风情线进行了全面的生态景观建设和文化旅游资源的整合。通过对沿河的重要文化和旅游点进行整体规划和串联，形成了一系列特色景观节点，这些节点旨在通过文化和旅游资源的深度挖掘，提升黄河兰州段的文化旅游品位。同时，兰州市遵循了增加绿化、美化景观的原则，对核心区域的绿地进行了全面的提升，使黄河之滨成为一条美丽的景观长廊。此外，通过对沿河的主题公园进行改造和提升，兰州市打造了一系列有主题特色的公园景观，吸引了大量游客前来游览。

总之，兰州黄河风情线的规划与建设工作展示了城市滨水区在生态恢复、景观美化和文化旅游方面的全面提升，是高质量发展指导下的城市滨水景观设计理念的成功实践，为其他城市提供了宝贵的经验和借鉴。

（二）成为造福人民的“幸福之河”

在高质量发展的指导下，兰州市黄河段的滨水景观设计和治理工作取得了显著成效，使其成为真正造福人民的“幸福河”。这一成就体现在多个方面。

首先，兰州市在黄河段大力推进了生态湿地的修复和治理工作。马滩和滩尖子湿地的修复及生态治理项目的实施，以及湿地公园休闲旅游通道的建设，有效地改善了该区域的生态环境。在河滩裸露区域，兰州市遵循“宜花则花、宜草则草”的原则，大面积种植了三叶草和野花，实现了以低成本达成绿化覆盖的目标。

其次，兰州市致力于打造文化品牌，推动以文化促进旅游的发展。市内多个地点如碑林、水车园被培育成为教育研学基地，加强了与当地高校在书法文化方面的交流，并举办了众多文化艺术活动，如音乐节、摄影展览和书法展等，吸引了大量市民和游客，同时也激活了兰州市的夜间经济。

最后，兰州市积极推广“黄河之滨也很美”的城市形象，通过在外地进行宣传推介，以及在电视台播出各种文化展演和活动，极大地提高了兰州市的知名度和美誉度。2021 年，兰州市获得了“全国年度最佳推广旅游胜地”“最美国际文化旅游名城”等多项荣誉称号，黄河楼景区和兰州老街也分别获得了重要奖项，彰显了兰州黄河风情线的文化影响力和旅游吸引力。

总而言之，兰州市黄河段的滨水景观设计和治理工作在生态修复、文化提升和旅游推广方面取得了突出成就，将黄河打造成了一条真正能够造福当地人民的“幸福河”，为城市滨水景观设计提供了宝贵的经验。

二、郑州市郑东新区龙湖生态城市景观高质量设计案例

（一）项目概况

郑州市郑东新区的龙湖生态城市景观设计是黄河流域城市滨水景观设计的典范。龙湖是郑州市郑东新区的核心水体，占地面积约 12.8 平方千米。该项目的主要目标是将龙湖及周边区域打造成为集生态保护、休闲娱乐、文化体验于一体的综合性滨水公园。

郑州市政府为了提升城市生态环境，促进城市可持续发展，启动了龙湖及周边区域的生态修复和景观提升工程。项目着重于恢复湖泊生态系统，改善水质，同时充分利用龙湖独特的地理位置和自然景观，打造具有地域特色的滨水休闲区。

（二）设计理念

龙湖生态城市景观设计的核心理念是实现人与自然的和谐共生。设计团队采用生态修复的手段，保护和恢复了湖泊的原生态，同时在确保生态安全的前提下，通过精心地规划和设计，融入人文元素，整个景观既展示了自然之美，又满足了市民的休闲需求。

此外，设计还强调了生态教育和文化传承的重要性。通过设置生态展示区、文化艺术区和互动体验区，龙湖不仅是一个休闲场所，也成为市民学习生态知识和体验地方文化的空间。

（三）总体设计定位

龙湖的设计定位是郑州市的生态名片和城市客厅。项目旨在通过生态修复和景观提升，打造一个生态友好、功能多样、美观宜人的城市公共空间。在综合考虑城市发展需求和生态保护的基础上，龙湖被设计成一个集生态保护、休闲娱乐、文化教育于一体的综合性公园，为市民提供了一个亲近自然、享受休闲时光的理想场所。

1. 目标愿景

项目的愿景是通过优秀的城市设计和生态修复，使郑州市成为一个生态文明的典范城市。龙湖及周边区域将成为城市绿色发展的示范区，展示城市与自然和谐共生的美好图景。

2. 空间结构

在空间结构的设计上，龙湖区域被划分为多个功能区，包括生态保护区、休闲娱乐区、文化教育区等。每个区域都有其独特的设计理念和功能定位，共同构成了一个多元化、生态友好的城市公共空间。

3. 分区设计

每个功能区都有其明确的设计目标和特色。生态保护区的重点在于湖泊生态的恢复和保护，通过自然的方式维持了生态平衡。休闲娱乐区提供了各种户外活动设施，满足了市民的休闲需求。文化教育区则通过艺术装置、展览和活动，传承和展示地方文化。

（四）绿化专项设计

在绿化设计上，龙湖项目采用了生态优先的原则，大量使用本地植物，创造了一个多样性和季相变化丰富的植物群落。设计团队还特别注重植物配置的艺术性和功能性，旨在提供一个既美观又实用的绿色空间。

（五）高质量发展的理念融入设计

高质量发展是在保持经济持续健康发展的同时，更加注重环境保护、社会公平与文化多样性。在龙湖项目中，这一理念体现在以下方面。

（1）生态保护与修复。重视生态系统的恢复和保护，通过采用本地植物、恢复湿地等方式，维护生物多样性，减少环境污染。

（2）社会效益与文化融合。设计不仅满足城市美观和功能需求，也强调社区参与、文化传承与教育，促进社会和谐和文化多样性。

（3）经济发展与可持续性。促进旅游和休闲产业的发展，同时确保项目的长期可持续性，平衡经济增长与生态环境保护。

（六）设计实现高质量发展的具体措施

（1）生态友好型设计。采用生态修复技术，如湿地重建、水体净化系统，以及本土植物的广泛种植，确保生态的可持续性。

（2）功能性与美学的结合。设计满足休闲娱乐、文化教育、生态观赏等多种功能，同时保持美观，提升市民生活质量。

（3）智能化与创新技术的应用。利用智能灌溉、环境监测系统等技术，提高资源利用效率，减少能源消耗。

（七）项目对地区发展的影响

（1）经济影响。通过吸引旅游和提供休闲娱乐服务，项目促进了地方经济的发展，提供了就业机会。

（2）社会影响。通过创建一个多功能的公共空间，增强了社区的凝聚力，提供了教育和文化交流的平台。

（3）环境影响。改善了城市生态环境，提高了空气质量，增强了市民的环境意识。

总的来说，郑州市郑东新区龙湖生态城市景观设计项目是一个在高质量发展指导下的成功案例。通过综合考虑生态、经济、社会和文化等多方面因素，项目不仅提升了城市的生态环境和市民的生活质量，也为地方经济和社会发展作出了重要贡献。

三、济南百里黄河风景区高质量发展的案例

济南百里黄河风景区作为滨水风景区高质量发展的典型案例，自 2020 年以

来，由济南市园林局与济南河务局联手推进，经历了一系列的生态保护和修复工作。该项目致力于建设生态廊道和城市绿轴，通过综合生态修复措施，极大地提升了区域的生态环境和景观质量。

项目的主要成就体现在对中心景区景观的全面提升，其中涉及913亩的景观改造，栽植苗木达3.1万株，地被草皮的种植面积达105万平方米，以及9.1千米，绿道的建设。这些措施共同构成了黄河沿岸的“绿色生态乐章”，显著改善了当地的自然环境和生物多样性。

济南百里黄河风景区，具有三季开花、四季常青的特点，林草覆盖率达到100%。千亩银杏林、紫叶李大道、星空花海和郊野公园等生态景观吸引了大量市民和游客前来打卡。生态环境的改善还吸引了白鹭、喜鹊、天鹅等多种鸟类在此栖息，生态环境持续恢复，空气质量也有了明显提升。鸟类的频繁出现不仅为景区增添了生机，也成为济南黄河生态环境改善的有力证明。

（一）水资源发展的关键，在于使百业兴盛，惠及民生

济南市通过高质量的滨水景观设计和开发，成功地将黄河转变为造福当地民众的“幸福河”，从而实现了经济的高质量发展，并为沿黄民众带来了实质性的经济红利。

在济南的黄河岸边，农业发展尤为显著。例如，济南某公司的2000亩水稻田，利用黄河水资源改造盐碱地，成功种植出高品质的“黄河大米”。这不仅是对历史上“稻改”工程的继承与发展，而且成为济南市的名优农产品，助力当地农民增收致富。

除了农业发展，城市规划与产业结构调整也是济南市沿黄河高质量发展的重要组成部分。丁太鲁片区，曾是物流集散地，如今已开始转型，规划成为具有全国影响力的产城融合示范区。

济南百里黄河风景区的开发，每年吸引超过30万名游客。这里不仅展示了水利景观的魅力，还融合了文化旅游、体育活动、科普教育等多种业态，带动了交通运输、餐饮等相关产业的发展。此外，通过观光农业和其他乡村振兴产业的推动，济南正在构建以黄河丁太鲁、泺口古镇等为核心的新型“拥河发展”模式。

（二）发展的核心，在于文化赋能并催生新的潮流

黄河文化，作为中华文明不可或缺的一部分，承载着中华民族深厚的文化根脉和精神魂魄。在高质量发展的过程中，深入挖掘黄河文化的丰富内涵，不仅是

对文化传承的坚守，更赋予区域发展新的文化动力。济南百里黄河风景区成为黄河文化传播和体验的重要平台。

济南百里黄河风景区通过讲述“三河古道”的历史变迁、黄河神兽石刻的故事，以及民国治黄功德碑的背景，济南百里黄河风景区不仅展示了黄河的自然风貌，更深入地传递了黄河文化的深层意义。这些文化活动不仅是对历史的回顾，更是为城市未来发展新征程注入文化力量。

济南市积极构建以黄河文化为核心的多元文化品牌，包括主品牌“河济泉城”及多个基层文化子品牌。同时，通过举办多样的文化活动，如文化摄影展、鲁筝艺术节、学子诵读《黄河颂》等，不仅丰富了市民和游客的文化生活，也提升了黄河文化的影响力。

济南百里黄河风景区获得了诸多荣誉，如国家水情教育基地，反映了黄河文化在区域发展中的重要地位。随着济南百里黄河风景区的不断发展，这片区域必将展现出更加壮观和深远的文化景观。

参 考 文 献

曹赟，2020. 中国传统园林理水之“断水无尽”形式与意境研究［D］. 杭州：中国美术学院 .

陈从周，1999. 园韵［M］. 上海：上海文化出版社 .

陈从周，2018. 中国文人园林［M］. 北京：外语教学与研究出版社 .

陈从周，2020. 陈从周说园［M］. 武汉：长江文艺出版社 .

陈六汀，2012. 滨水景观设计概论［M］. 武汉：华中科技大学出版社 .

笪重光，1987. 画筌［M］. 北京：人民美术出版社 .

顾炎武，1984. 历代宅京记［M］. 北京：中华书局 .

郭熙，2010. 林泉高致［M］. 济南：山东画报出版社 .

计成，1957. 园冶［M］. 北京：城市建设出版社 .

江沛，秦熠，张志国，2021. 元和郡县图志［M］. 北京：北京燕山出版社 .

金学智，2000. 中国园林美学［M］. 北京：中国建筑工业出版社 .

彭一刚，1986. 中国古典园林分析［M］. 北京：中国建筑工业出版社 .

唐志契，2003. 绘事微言［M］. 北京：人民美术出版社 .

张淏，1989. 艮岳记［M］. 北京：中华书局 .

周科，2017. 基于生态文明理念的城市河流滨水景观规划设计［M］. 北京：中国水利水电出版社 .